HarmonyOS NEXT

进阶 纯血鸿蒙开发实践

KFive启程小组 / 著

电子工业出版社

Publishing House of Electronics Industry

北京·BEIJING

内 容 简 介

HarmonyOS NEXT 是华为全新一代"纯血鸿蒙"操作系统，旨在为开发者提供统一、稳定和高效的系统底座与 API 体系。本书基于 HarmonyOS NEXT API 16 版本撰写，聚焦真实项目中的常见问题，系统性讲解构建高质量的鸿蒙原生应用的方法。

本书采用项目驱动和步骤解析的方式，介绍开发一款完整 App 的全流程，包括 ArkTS 编程、UI 性能优化、多线程并发、媒体能力接入、AI 识图、服务卡片开发、分布式协同等，覆盖"纯血鸿蒙"的核心功能。

全书不仅注重介绍 HarmonyOS 的系统特性知识，还特别关注工程实践技巧。以开发一个"手机管家"App 为例，介绍媒体库扫描、多线程并发、图像压缩、智能识图和权限控制等方法，帮助读者掌握开发鸿蒙项目的完整流程。

本书适合具备一定编程基础、希望进一步掌握鸿蒙原生应用开发功能的在校学生、工程师和项目研发人员阅读，旨在帮助读者实现从"能写"到"能做出产品"的转变。

图书在版编目（CIP）数据

HarmonyOS NEXT 进阶：纯血鸿蒙开发实践 / KFive 启程小组著 . -- 北京：电子工业出版社，2025. 7.

ISBN 978-7-121-50697-0

Ⅰ．TN929. 53

中国国家版本馆 CIP 数据核字第 2025BQ3369 号

责任编辑：宋亚东　　文字编辑：张　晶
印　　刷：三河市君旺印务有限公司
装　　订：三河市君旺印务有限公司
出版发行：电子工业出版社
　　　　　北京市海淀区万寿路 173 信箱　邮编：100036
开　　本：787×980　1/16　印张：14.25　字数：319.2 千字
版　　次：2025 年 7 月第 1 版
印　　次：2025 年 7 月第 1 次印刷
定　　价：89.00 元

凡所购买电子工业出版社图书有缺损问题，请向购买书店调换。若书店售缺，请与本社发行部联系，联系及邮购电话：（010）88254888，88258888。

质量投诉请发邮件至 zlts@phei.com.cn，盗版侵权举报请发邮件至 dbqq@phei.com.cn。

本书咨询联系方式：syd@phei.com.cn。

前　言

　　《HarmonyOS NEXT 启程：零基础构建纯血鸿蒙应用》自 2024 年出版以来，受到了许多读者的关注，尤其是帮助很多高校学生和初入行业的开发者迈出了纯血鸿蒙开发的第一步。笔者也收到了很多读者的来信，内容大致分为两类："有没有更深入一点儿的内容？""什么时候出进阶版？"笔者还收到了许多读者的私信、评论和邮件，其中不乏认真阅读之后写下几千字反馈的开发者。这些真实、真诚的声音，让笔者感受到写这本书的价值，也坚定了继续编写"进阶之作"的信念。于是，本着贴近真实项目，帮助读者掌握 API，走进开发现场，解决在真实项目中才会遇到的问题的目标，这本书应运而生。本书基于 HarmonyOS API 16 版本进行讲解，确保内容与当前主流的鸿蒙开发环境一致，适合希望紧跟系统演进的开发者学习。

为什么要撰写本书

　　笔者从事移动开发已有十余年的时间，从 Symbian、Android、iOS，到前端开发，再到现在的 HarmonyOS，参与和主导过多个日活数过亿级 App 的开发，非常清楚开发者真正需要的不是一堆难懂的概念，而是"看得懂、跑得通、用得上"的实战方法。所以，这本书延续了笔者一贯的风格：不直接讲概念，而是先"上手做"，在遇到实际问题时再抛出相关知识点进行分析，进而帮助读者理解背后的原理。就像我们不会先学习汽车制造理论再去学开车，而是在懂得基础的驾驶知识后，握住方向盘，逐步学会打灯、变道和踩刹车。这是更自然的学习方式，也更适合开发者。

本书适合谁阅读

- 阅读过《HarmonyOS NEXT 启程：零基础构建纯血鸿蒙应用》或其他基础教程，希望进一步掌握鸿蒙开发技能。

- 已经具备 ArkTS 或 HarmonyOS 项目开发经验，但对多线程、媒体处理、Web 内嵌和 AI 等功能感到陌生。
- 希望在实践中掌握鸿蒙系统的架构设计、功能边界及工程组织方式。

本书讲的是什么

本书以"纯血鸿蒙"应用开发为主线，全面、系统地讲解在 HarmonyOS NEXT 系统中使用 ArkTS 语言进行原生应用开发的核心知识和实战技巧，旨在帮助读者更好地理解和应用鸿蒙技术。本书涵盖了从基础到复杂功能实现的完整鸿蒙开发流程，内容分为多个循序渐进的章节，主要包括以下内容。

- ArkTS 编程基础与组件开发：深入介绍声明式 UI 架构，帮助读者掌握 ArkTS 语言语法、组件生命周期、状态响应机制等核心概念。
- 界面与交互开发：详解滚动组件、导航跳转、资源管理与页面构建的方式，结合页面设计与用户体验进行优化。
- 异步与并发机制：全面介绍 async/await 与 taskpool + @Concurrent 多线程机制的使用场景与性能优势。
- 媒体功能接入：覆盖拍照、相册选择、媒体读取、图片压缩和视频转码等多媒体开发的常见需求。
- AI 与视觉功能集成：引入文字识别、人脸检测、图像分类和主体识别等视觉智能服务，结合实际应用场景深度讲解。
- 桌面小组件（服务卡片）开发：以宠物互动案例展示 Widget 架构原理与数据通信机制，覆盖动态刷新、动画展示和进程间数据一致性等关键实现方法。
- 综合实战项目：开发手机管家 App，融合媒体库扫描、多线程并发、图像压缩、智能识图、权限控制等功能，从 0 到 1 完整地构建一个可落地的实际应用，全面提升系统开发与项目实操经验。

这是一本将鸿蒙项目做成"产品"的书，它不炫耀技术，不堆砌术语，只讲能真实落地的技术方案与工程经验。如果你相信"实践出真知"，相信"好书要能带着跑项目"，那么这本书会成为你在学习鸿蒙开发路上的好伙伴。让我们一起，在纯血鸿蒙的生态中继续进阶！

致谢

特别感谢董伟平为本书做出的努力！有的读者指出章节表达可以更清晰，有的读者整理了学习笔记并分享到社区，也有的读者发来私信或邮件，讲述他们在学习鸿蒙过程中的困惑与惊喜。可以说，这本书也是你们"共创"的成果。感谢每位读者的反馈、建议和期待，让笔者知道这条路可以继续走下去。

　　由于笔者水平有限，书中不足之处在所难免，敬请广大读者批评指正！

笔者

2025 年 4 月

读者服务

微信扫码回复：50697

● 获取本书配套资源。

● 加入本书读者交流群，与更多读者互动。

● 获取【百场业界大咖直播合集】（持续更新），仅需 1 元。

目　录

第 1 章

开发环境与项目初始化

在正式学习 HarmonyOS NEXT 的进阶开发之前，需要先做好必要的准备工作。本章讲解快速搭建开发环境的方法、示例代码的运行方式，并对 ArkTS 和 ArkUI 进行简单的解析，为深入学习进阶内容奠定坚实的基础。

1.1 安装 DevEco Studio

开发者在华为开发者联盟官网上注册开发者账号后，即可下载 DevEco Studio。Windows 和 macOS 系统均支持安装 DevEco Studio，读者可根据自己的系统环境选择下载方式。本书以 Mac（ARM）系统为例，下载安装包，如图 1-1 所示。

DevEco Studio 5.0.4 Release

面向 HarmonyOS 应用及元服务开发者提供的集成开发环境（IDE），助力高效开发。此版本新增 Har 支持 ExtensionAbility场景开发。

Build Version **5.0.11.100**   发布日期 **2025/03/30**

📄 版本说明   📝 操作指导   ⓘ 隐私声明

Windows (64-bit)
DevEco Studio for Windows 5.0.11.100(2.2GB) ⬇   SHA-256 📋   PGP ⬇

Mac (X86)
DevEco Studio for Mac(x86) 5.0.11.100(2.9GB) ⬇   SHA-256 📋   PGP ⬇

Mac (ARM)
DevEco Studio for Mac(ARM) 5.0.11.100(2.8GB) ⬇   SHA-256 📋   PGP ⬇

图 1-1   下载 DevEco Studio 安装包

1

下载完安装包后，双击打开并按照提示操作，即可完成安装。单击"About DevEco Studio"按钮可查看版本信息，如图 1-2 所示。

图 1-2　DevEco Studio 版本信息

1.2　运行示例代码

本书提供了许多代码示例，读者可以通过本书封底或前言结尾的读者服务获取资源，将其下载到本地，如图 1-3 所示。

如图 1-4 所示，打开 DevEco Studio，单击"Open..."按钮，找到并打开对应的代码文件。

图 1-3　本书配套代码

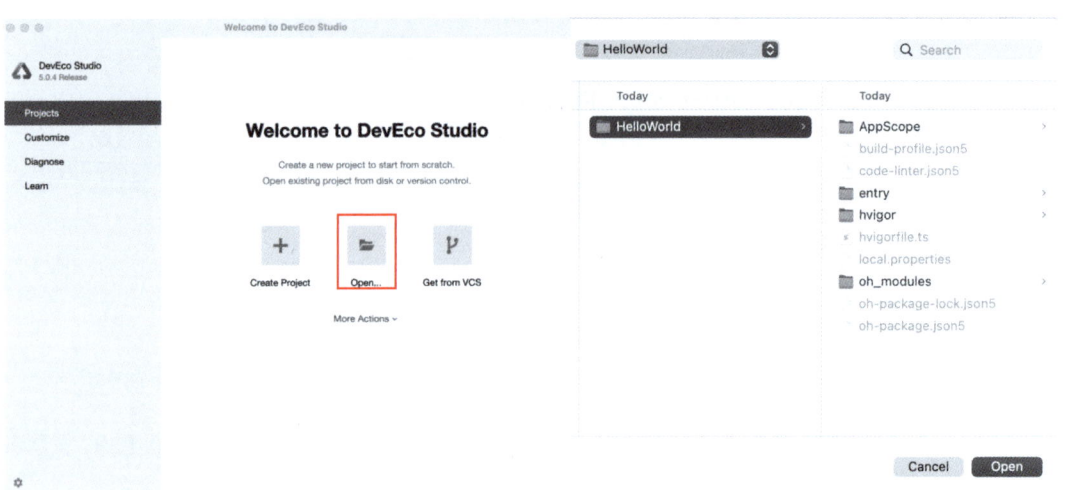

图 1-4　打开示例代码

1.2.1　使用模拟器运行示例代码

打开工程后，选择运行设备，会看到 Huawei Simulator。图 1-5 中已经存在并预置了两个模拟器。

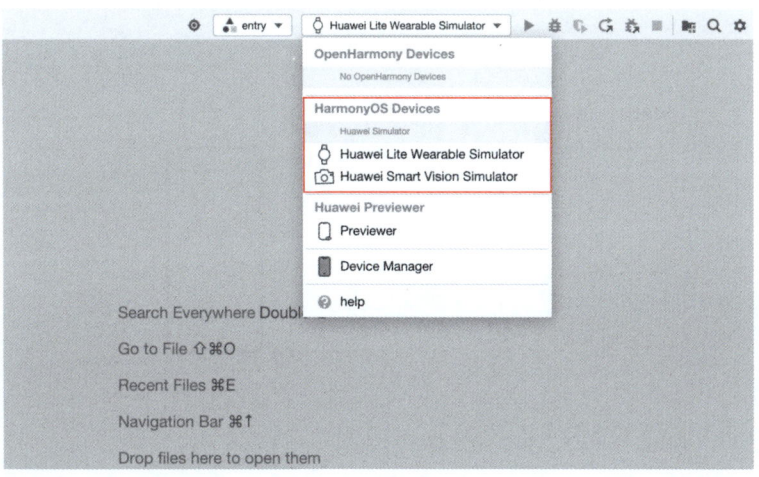

图 1-5　模拟器

因为本书的代码案例是基于 Phone 工程的，所以必须下载 Phone 模拟器。选择"Device Manager"菜单命令，打开"Device Manager"（设备管理）对话框，选择"Phone"选项，然后单击"New Emulator"按钮，如图 1-6 所示。

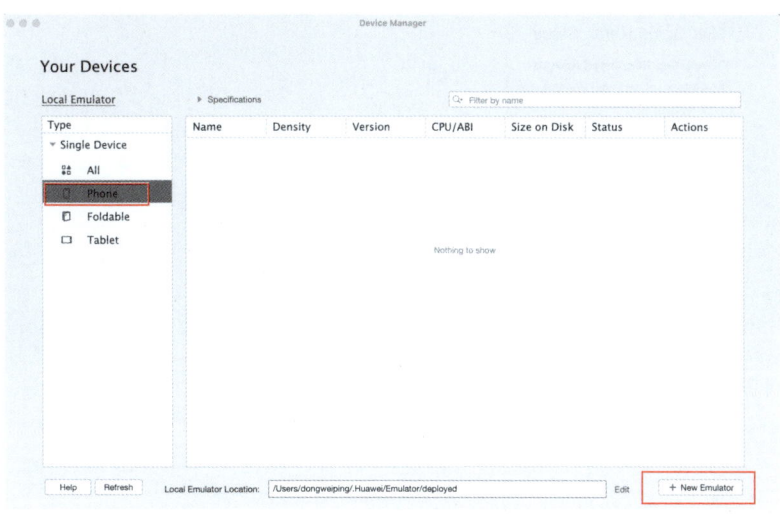

图 1-6　Device Manager 对话框

在"DevEco Virtual Device Configuration"对话框中，选择一个版本为 HarmonyOS 5.0.4(16) 的虚拟设备，如图 1-7 所示。

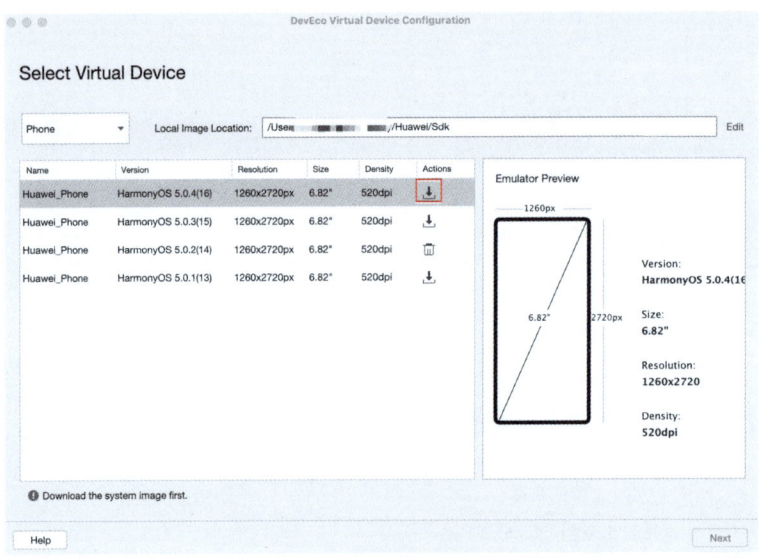

图 1-7　选择模拟器设备

单击"下载"按钮，在弹出的"License Agreement"提示框中，单击"Accept"按钮，然后单击"Next"按钮，即可出现显示下载进度的"SDK Setup"对话框，如图 1-8 所示。

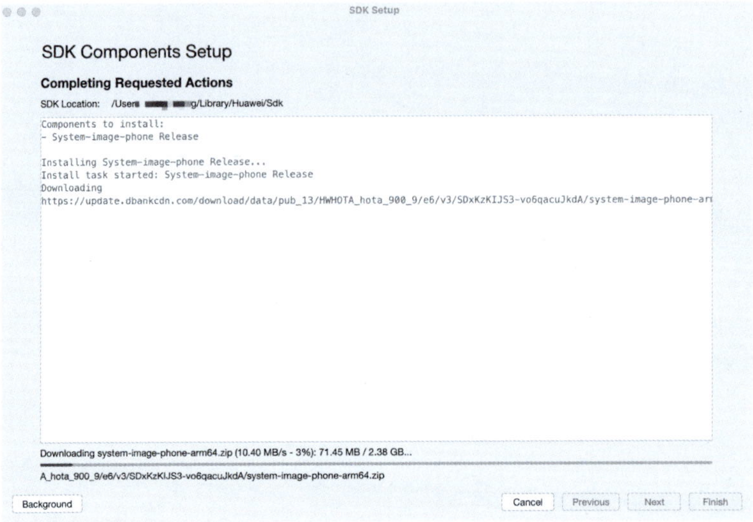

图 1-8　显示下载进度

下载完毕后，单击"Finish"按钮，如图 1-9 所示。

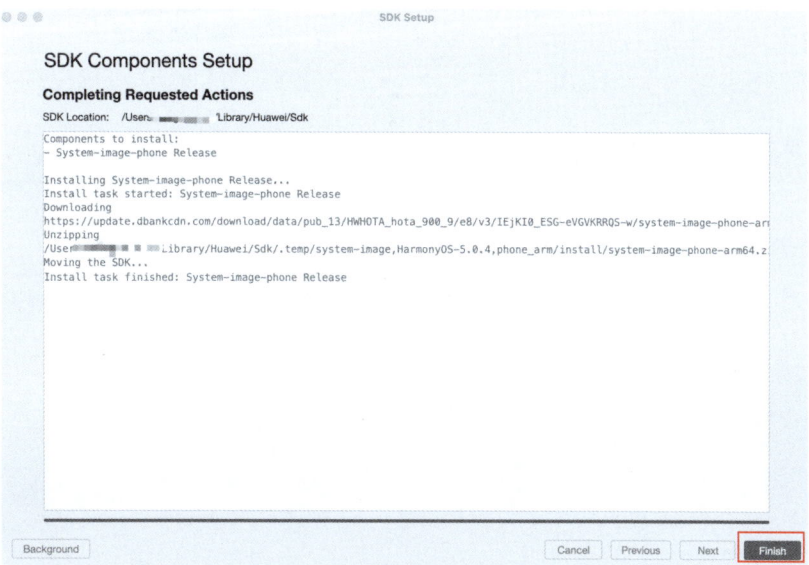

图 1-9　下载完毕

此时，会看到模拟器已经下载完成了，如图 1-10 所示。

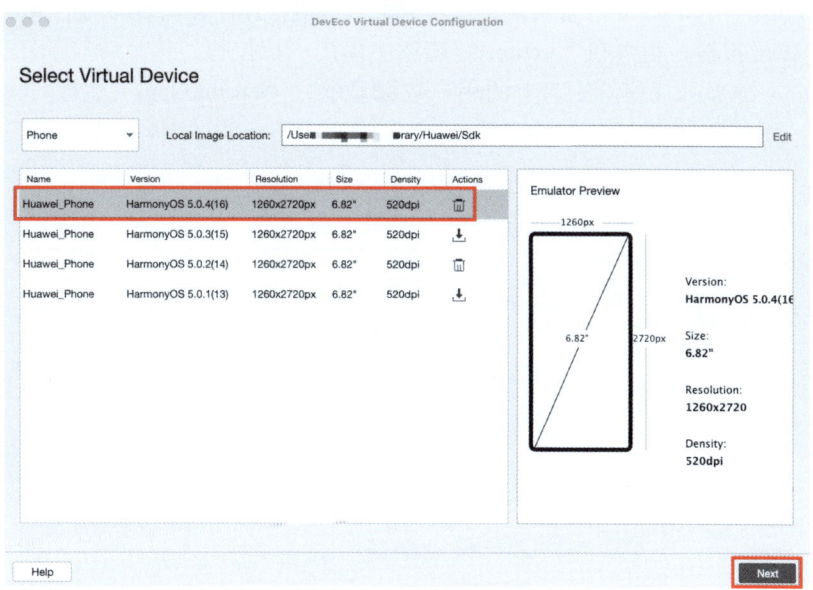

图 1-10　模拟器展示

继续单击"Next"按钮，弹出"DevEco Virtual Device Configuration"对话框，可以配置模拟器的名字等信息。这里将模拟器命名为 Huawei_SimPhone。至此，已完成模拟器的下载，如图 1-11 所示。

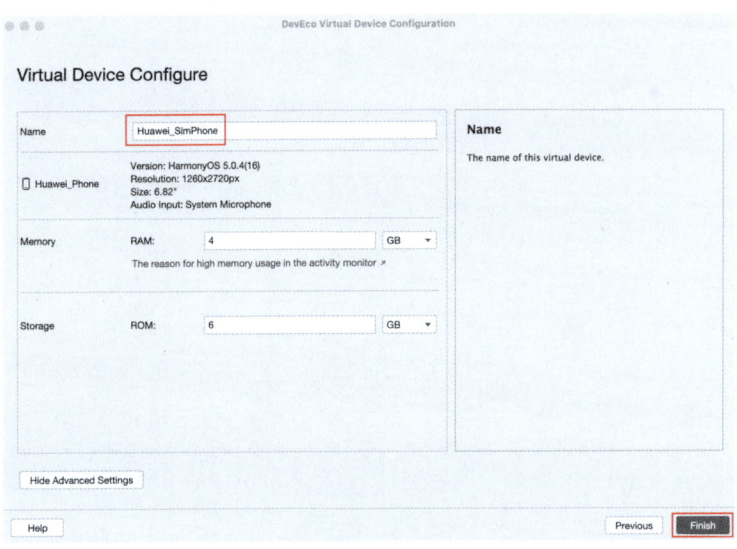

图 1-11　命名模拟器

单击"Finish"按钮，可以看到设备管理页面已经有了刚下载的模拟器，如图 1-12 所示。如果需要操作模拟器，则可在"Actions"选项中单击下拉按钮，选择对应的功能，如 Wipe User Data Show on Disk（擦除磁盘上的用户数据显示）、Generate logs（生成日志）和 Delete（删除）。

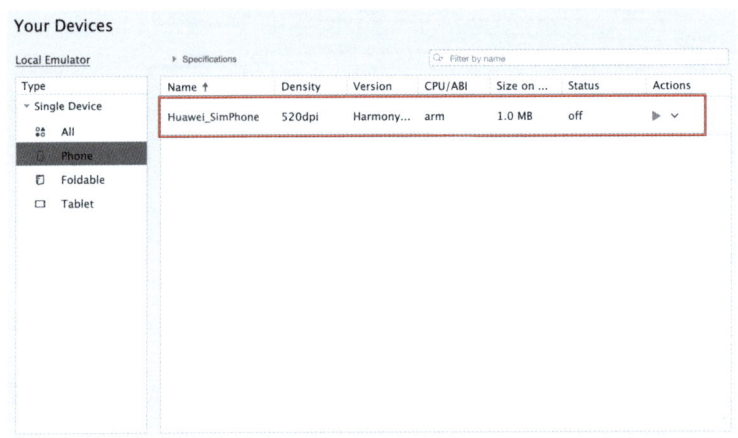

图 1-12　模拟器添加完成

回到代码编辑页面，可以看到已设置的模拟器（如果没有，则可以尝试重启 DevEco Studio），如图 1-13 所示。

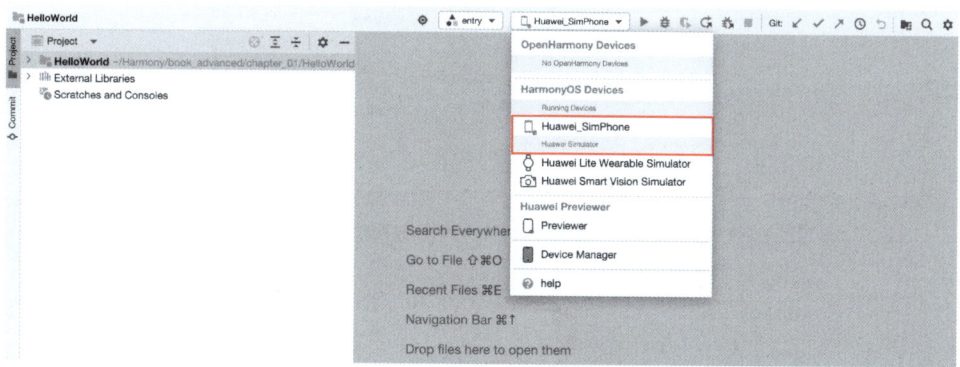

图 1-13　已设置的模拟器

单击"运行"按钮，即可看到模拟器已经成功运行，如图 1-14 所示。

图 1-14　模拟器成功运行

1.2.2　使用自动签名在真机上运行示例代码

使用模拟器可以调试大部分功能，但有些功能是模拟器无法支持的，例如相机、分布式等。因此，需要学会使用真机调试。当前，HUAWEI Mate 70、HUAWEI Mate 60、HUAWEI Mate X6 等设备均可升级到 HarmonyOS NEXT，开发者可查看现有设备是否可升级。笔者使用 HUAWEI Mate 60 升级到 HarmonyOS NEXT。如果想要进行真机调试，则需要单击"设置"->

"系统"->"开发者选项"菜单命令，打开"USB 调试"开关（确保设备已连接 USB），如图 1-15 所示。然后在弹出的"允许 USB 调试"对话框中单击"允许"按钮。

图 1-15　USB 调试入口

再次打开 HelloWorld 代码案例，选择真机设备，如图 1-16 所示。

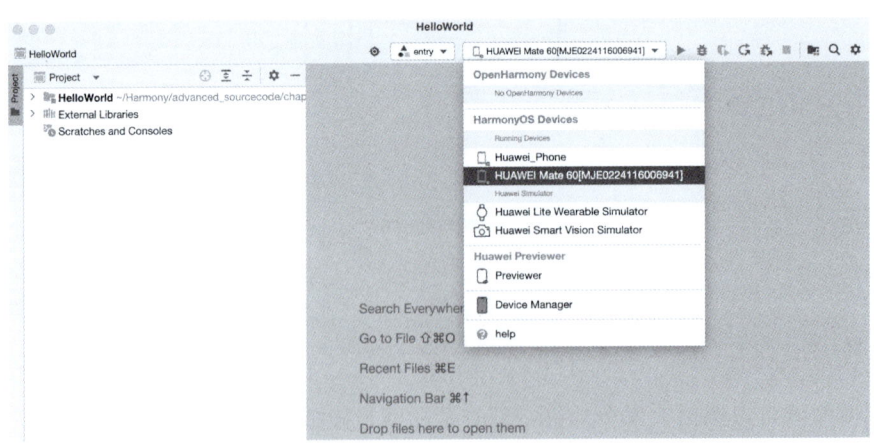

图 1-16　选择真机设备

单击"运行"按钮之后，会出现如图 1-17 所示的报错提示，错误原因是缺少签名文件。

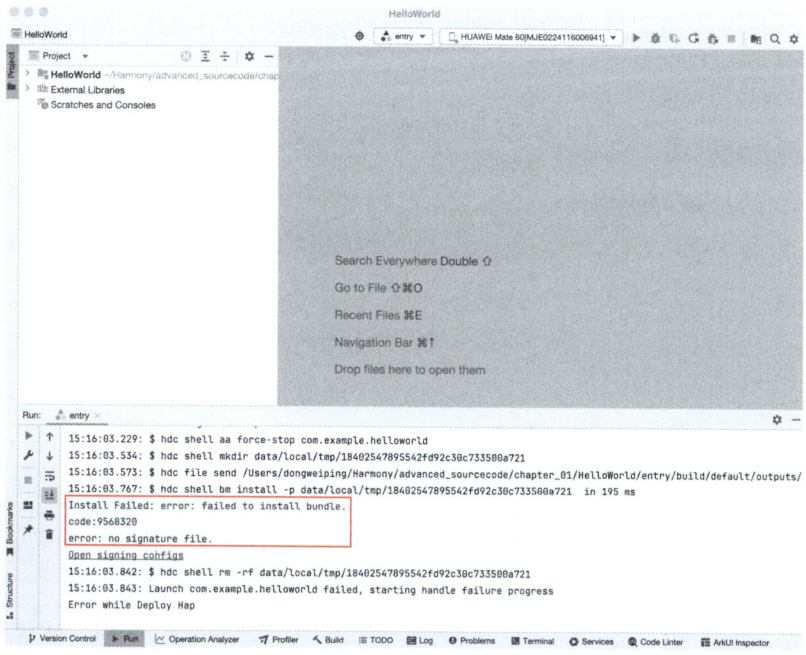

图 1-17　报错提示

接下来需要配置签名文件，单击菜单栏的"File"->"Project Structure"菜单命令，打开"Project Structure"对话框，在"Basic Info"选项卡的"Compatible SDK"处选择 5.0.4(16)，如图 1-18 所示。

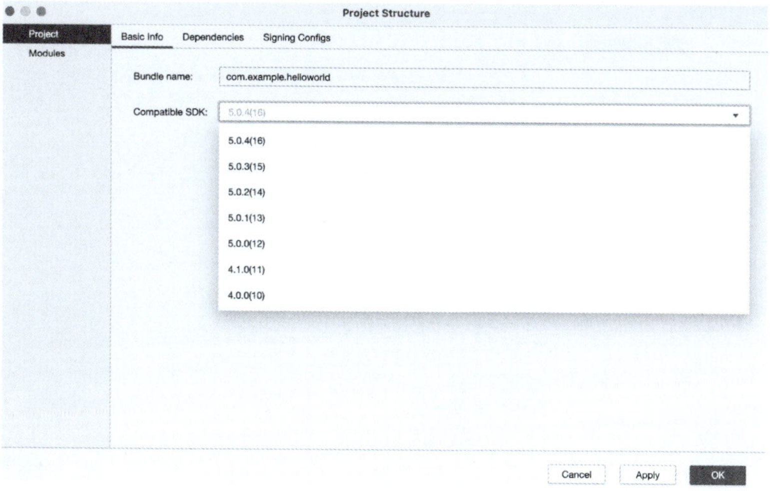

图 1-18　选择 SDK 版本

切换到"Signing Configs"选项卡，进入图 1-19 所示的签名信息配置界面。单击"Sign In"按钮，登录开发者账号。

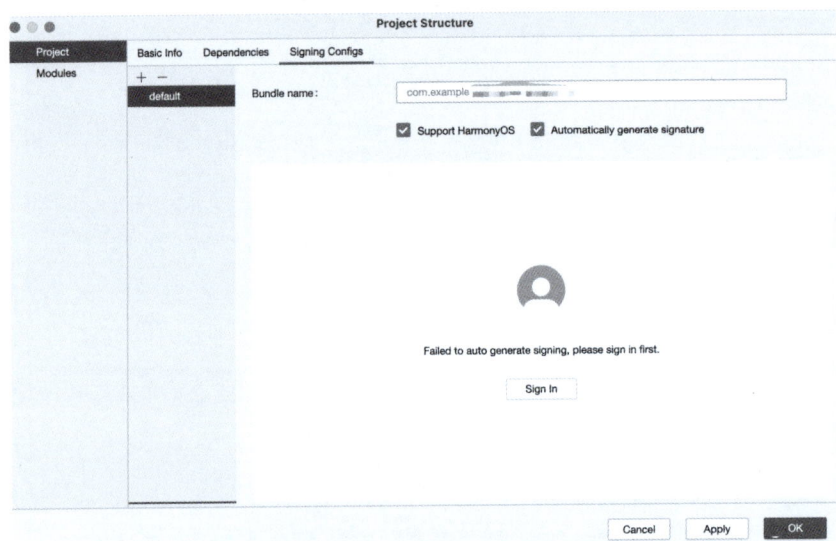

图 1-19　配置签名

登录成功后，可以看到签名信息已经配置成功，单击"OK"按钮即可保存，如图 1-20 所示。

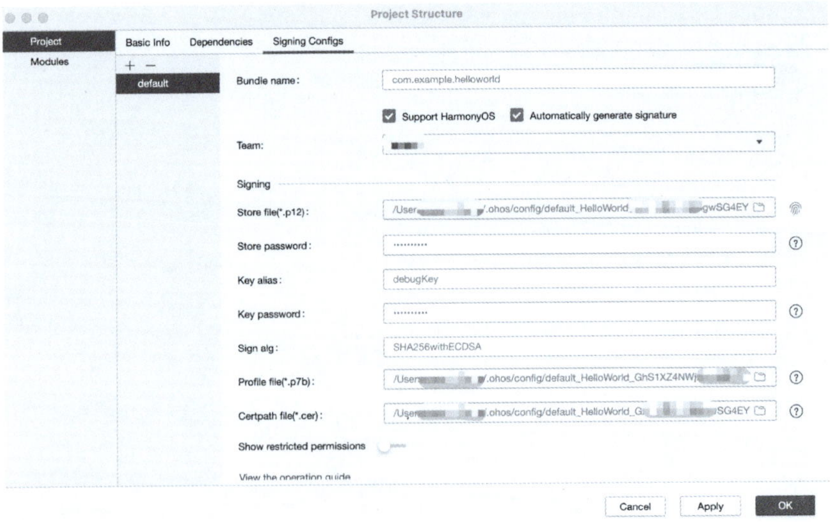

图 1-20　签名配置成功

再次返回工程代码，单击"运行"按钮可以看到运行成功，在真机上也看到了 HelloWorld 页面，如图 1-21 所示。

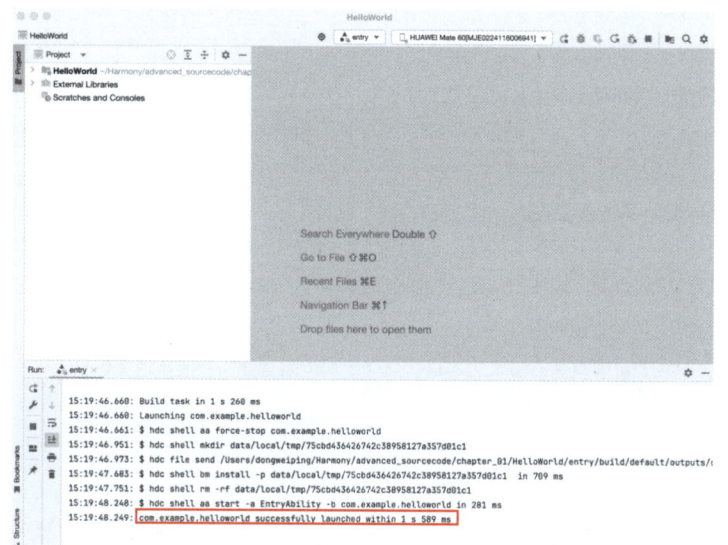

图 1-21　真机运行成功

我们已经成功地使用模拟器和真机配置了案例工程，迈出了第一步！

1.3　工程目录介绍

在完成了 DevEco Studio 的安装与示例代码运行之后，有必要对工程目录结构有清晰的认识。理解每个目录的作用，有助于在后续的开发、调试、模块拆分和团队协作中游刃有余。当前的 HelloWorld 工程是 Stage 模型，其工程目录结构如图 1-22 所示。

下面说明每个文件的作用。

- AppScope > app.json5：应用的全局配置信息，如定义应用 ID、版本和图标等元信息。
- entry：应用或元服务模块，编译构建生成一个 HAP，如表 1-1 所示。

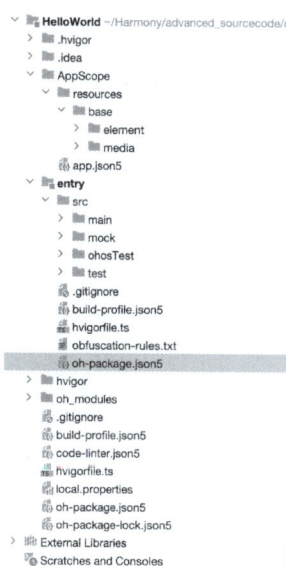

图 1-22　工程目录结构

表 1-1　文件说明

文 件 名	说　　明
src > main > ets	用于存放 ArkTS 源码
src > main > ets > entryability	应用或元服务的入口代码，如 EntryAbility.ets
src > main > ets > pages	应用或元服务包含多个页面，每个 .ets 文件对应一个独立页面
src > main > resources	用于存放应用或元服务模块用到的资源文件，如图形、多媒体、字符串和布局文件等
src > main > module.json5	Stage 模型模块配置文件，主要包含 HAP 的配置信息、应用在具体设备上的配置信息，以及应用的全局配置信息，包括模块名、HAP 类型、权限和 Ability 信息等
build-profile.json5	当前的模块信息、编译信息配置项，包括 buildOption 和 targets 配置等
hvigorfile.ts	模块级编译构建任务脚本
oh-package.json5	描述第三方包的包名、版本、入口文件（类型声明文件）和依赖项等信息

- 全局文件信息如表 1-2 所示。

表 1-2　全局文件信息

文 件 名	说　　明
oh_modules	用于存放第三方库依赖信息，包含应用或元服务所依赖的第三方库文件，支持多版本并存管理
build-profile.json5	应用级配置信息，包括签名、产品配置等
hvigorfile.ts	应用级编译构建任务脚本
oh-package.json5	描述全局配置，如依赖覆盖（overrides）、依赖关系重写（overrideDependencyMap）和参数化配置（parameterFile）等

1.4　ArkTS

1.4.1　什么是 ArkTS

ArkTS（Ark TypeScript）是 HarmonyOS NEXT 官方推荐的开发语言，它基于 TypeScript 进行扩展，专为 HarmonyOS 高性能、分布式和并发程序设计，核心特征如表 1-3 所示。

表 1-3　ArkTS 核心特征

特　征	作　用
静态类型检查	避免 JavaScript 运行时类型错误，提高稳定性
Ark Compiler（方舟编译器）	直接编译为机器码，提高执行效率

（续表）

特　征	作　用
UI 声明式语法	结合 ArkUI，使 UI 开发更简洁
协程与并发支持	适用于高性能应用开发

1.4.2　ArkTS 关键语法

本节对基础语法不做介绍，为了方便读者理解本书的一些内容，以下代码简要说明核心语法：@Entry 标记应用的入口；@Component 代表一个 UI 组件；@State 管理组件内部状态，当值改变时 UI 自动更新。

```typescript
@Entry
@Component
struct HelloArkTS {
  @State count: number = 0;

  build() {
    Column() {
      Text(' 当前计数 : ${this.count}').fontSize(20)
      Button(" 增加 ").onClick(() => this.count++)
    }
  }
}
```

1.4.3　ArkTS 进阶特性

Ark Compiler 提升性能：ArkTS 通过 Ark Compiler 直接被编译为机器码（Native Code），相比 TypeScript/JavaScript 在浏览器或 Node.js 运行时解释执行，执行速度更快，降低了 JavaScript 引擎的开销。

ArkTS 在分布式功能中的作用：ArkTS 提供 Worker 线程和 TaskPool，优化任务调度，支持多设备协同工作。

```typescript
import { TaskPool } from "@ohos.taskpool";

// Worker 使用
let worker = new Worker("backgroundTask.ts");
worker.onMessage((data: any) => console.log(" 收到结果 ", data));
worker.postMessage({ action: "processData" });

// TaskPool 使用
let pool = new TaskPool(4); // 4 个线程的任务池
```

```
pool.submit(() => {
  console.log(" 高效执行任务 ");
});
```

1.5　ArkUI

1.5.1　什么是 ArkUI

ArkUI（Ark UI Framework）是 HarmonyOS NEXT 的官方 UI 框架，基于声明式编程，让 UI 代码更加简洁、易维护。与传统 UI 框架相比，其主要特点有三个，如表 1-4 所示。

- 状态驱动 UI：界面随数据变化自动更新。
- 组件化开发：ArkUI 组件更轻量，支持高效重用。
- 分布式适配：UI 可适配不同设备，适用于全场景应用。

表 1-4　ArkUI 的主要特点

框　架	开发模式	适用场景
Android View 体系	命令式 UI（XML + Java/Kotlin）	Android 应用
Flutter	声明式 UI（Dart + Widget）	跨平台 UI
React Native	声明式 UI（JS + JSX）	Web / 移动开发
ArkUI	声明式 UI（ArkTS + Component）	HarmonyOS 纯血应用

1.5.2　常用基础组件

ArkUI 常用的核心组件如表 1-5 所示。

表 1-5　ArkUI 常用的核心组件

组　件	作　用
Text	显示文本
Button	按钮
Column / Row	垂直 / 水平布局
Image	图片
List	滚动列表

代码示例如下。

```typescript
@Component
```

```
struct UserProfile {
  build() {
    Column() {
      Image("avatar.png").width(100).height(100)
      Text(" 用户名称 ").fontSize(18)
      Button(" 编辑 ").onClick(() => console.log(" 单击编辑 "))
    }
  }
}
```

1.5.3　ArkUI 的进阶使用

对于组件之间的状态管理，ArkUI 组件支持使用 @State、@Prop 和 @Observed 传递数据，代码示例如下。

```typescript
@Observed
class AppState {
  count: number = 0;
}
let globalState = new AppState();

@Component
struct Counter {
  build() {
    Column() {
      Text(' 全局计数：${globalState.count}')
      Button(" 增加 ").onClick(() => globalState.count++)
    }
  }
}
```

1.5.4　ArkUI 的动画

ArkUI 提供 animate() 功能，让动画更加流畅，代码示例如下。

```typescript
@Component
struct AnimatedBox {
  @State scale: number = 1;

  build() {
    Column() {
      Button(" 缩放 ").onClick(() => this.scale += 0.2);
      Image("box.png").scale(this.scale).animate();
    }
  }
}
```

1.5.5　声明式编程简介

　　声明式编程是告诉计算机"做什么"而非"怎么做"的编程范式，它强调状态与结果的映射关系，而不是手动控制每个 UI 变化的过程。在 UI 开发中，声明式编程允许用户只描述当前的状态应该呈现什么样的界面，系统会自动完成 UI 渲染与更新。与声明式编程对应的是命令式编程，它们的主要区别如表 1-6 所示。

表 1-6　声明式编程与命令式编程的主要区别

特　　性	声明式编程	命令式编程
关注点	状态结果、做什么	操作流程、如何做
常见方式	状态驱动 UI 自动更新	DOM 操作、findViewById、setText 等
代表框架	React、Flutter、ArkUI	Android View、Swing、WinForm
特点	状态即 UI、更简洁、逻辑清晰	状态同步、代码冗余、易出错

　　通过对代码进行对比可以发现，在 ArkUI 中不再需要直接"命令"UI 更新，而是通过状态变化（this.count++）自动驱动 UI 重新构建。

```json
// 声明式写法，ArkUI 实现方式
@Entry
@Component
struct Counter {
  @State count: number = 0;

  build() {
    Column() {
      Text('单击次数：${this.count}')
      Button("单击").onClick(() => this.count++)
    }
  }
}

// 命令式写法 Android 实现方式
TextView textView = findViewById(R.id.textView);
Button button = findViewById(R.id.button);
int count = 0;

button.setOnClickListener(v -> {
    count++;
    textView.setText("单击次数：" + count);
});
```

　　总结来看，声明式编程的优势有以下几点。

- 更高的可读性：UI 状态与界面绑定，结构清晰。
- 降低出错概率：不需要手动更新 UI，避免遗漏状态同步。
- 适合复杂交互：尤其适用于多状态、动画和响应式布局的场景。
- 天然支持响应式编程：搭配 @State、@Observed 等装饰器，UI 会自动响应数据变化。

ArkUI 是基于声明式编程模型构建的，这种范式不仅改变了 UI 开发的思维方式，也极大地提高了开发效率。理解声明式编程，将帮助开发者更自然地掌握 ArkUI 的使用方法，为学习进阶知识打下坚实的基础。

1.6　本章小结

通过对本章的学习，相信你已经成功搭建了开发环境并流畅地运行示例代码，对 ArkTS 和 ArkUI 也有了基本的认识。接下来的章节将探讨更高级的主题，探索关键领域，以便让 HarmonyOS 应用更加高效、流畅和智能。

第 2 章
真机调试流程与手动签名机制

对于第 1 章中的案例，可以使用模拟器运行，也可以使用真机利用自动签名的方式运行。但是对于推送等功能，在真机调试时必须手动签名。初次接触 HarmonyOS 的开发者可能会感到步骤复杂且烦琐，尤其在面对各种证书、密钥及设备绑定时更是如此。实际上，这种看似复杂的流程背后蕴含着重要的设计理念。HarmonyOS 通过严格的证书和设备管理体系，确保了应用的安全性、开发流程的规范性及生态的健康发展。这种设计虽然看起来增加了一定的学习成本，但能够有效防止应用意外泄露和非正式版本传播，进而保护开发者和用户的利益。

本章将详细讲解 HarmonyOS 真机调试流程，包括各环节的作用和重要性，以便更高效、更安全地开发。在开始之前，需要在 AppGallery Connect（网址为 https://***[①]developer.huawei.com/consumer/cn/service/josp/agc/index.html#/）创建项目和应用。因为本章的案例是针对"推送测试"应用进行的，所以创建的应用名为"推送测试"。

2.1　创建项目和应用

登录 AppGallery Connect，单击"我的项目"按钮，然后添加项目。在"名称"中填写"图书案例"，如图 2-1 所示。

登录 AppGallery Connect，单击"证书、APP ID 和 Profile"按钮，在左侧导航栏选择"APP ID"选项，进入"APP ID"选项卡，如图 2-2 所示。

单击"新建"按钮，填入应用名称和应用包名，"应用分类"选择"应用"单选钮，单击"下一步"按钮。在"应用所属项目"中选择创建的"图书案例"项目，单击"确认"按钮。"开放能力"填写 push"，打开"推送服务"功能，单击"确认"按钮，如图 2-3 所示。

---

① 　请读者在输入网址时删除"***"，全书余同。——编者注

图 2-1　添加项目

图 2-2　新建 APP ID

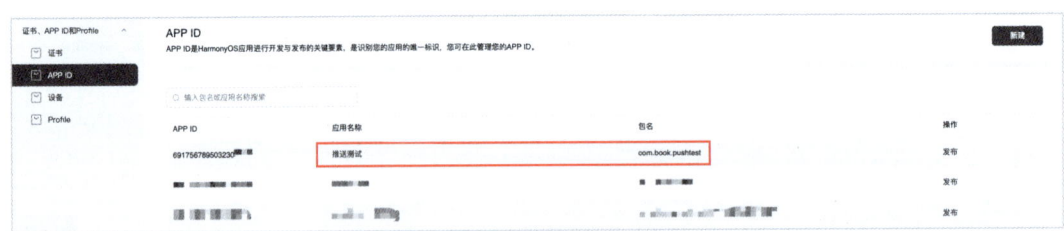

图 2-3　配置应用信息

回到"APP ID"选项卡，即可看到刚创建的应用，如图 2-4 所示。

图 2-4　应用创建成功

2.2　新建密钥文件

密钥文件的格式为 .p12，包含非对称加密中使用的公钥和私钥，用于数字签名和验证，它们被存储在密钥库文件中。密钥文件是开发者身份的唯一认证文件，确保应用发布的来源可靠。

　　打开 DevEco Studio，在主菜单栏选择"Build"->"Generate Key and CSR"菜单命令，在"Generate Key and CSR"对话框中单击"New"按钮，新建密钥库文件，如图 2-5 所示。

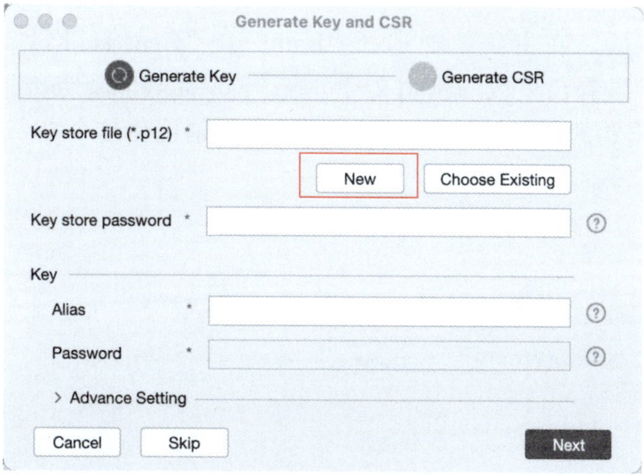

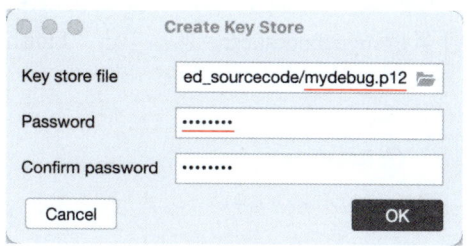

图 2-5　新建密钥库文件

　　在"Creat Key Store"对话框中，需要填入 Key store file，即设置文件的存储路径，必须加上 .p12 的扩展名，本书的填写的路径是：/Users/mymac/Harmony/advanced_sourcecode/mydebug.p12。Password 的长度最少是 8 位，必须由大写字母、小写字母、数字和特殊符号中的两种以上字符组成。请务必记住该密码，因为所有的签名和证书的相关操作都会依赖此密码，一旦遗失将无法恢复，如图 2-6 所示。

图 2-6　创建密钥文件

2.3　新建证书请求

　　在向认证机构申请证书时，必须通过一个文件确认申请者的身份，这个文件就是证书请求文件，即 .csr 文件。证书请求文件包含了申请者的公钥和身份信息，用于向认证机构证明申请者的身份。认证机构只有在收到该文件后，才能签发正式的数字证书。

　　因为证书请求文件里包含申请者的身份信息及密钥信息，所以必须使用 2.2 节生成的密钥文件。由于一个密钥文件可能包含多个密钥对，因此需要通过 Alias 标识具体的密钥对。以下是证书请求文件的生成方式。

　　打开 DevEco Studio，在主菜单栏选择"Build"->"Generate Key and CSR"菜单命令，在"Key store file"中选择已生成的密钥文件，在"Key store password"中填入 2.2 节中设置的密码，"Alias"是密钥的别名，本书对应 debugKey。请记住这个别名，后面还会使用，如图 2-7 所示。

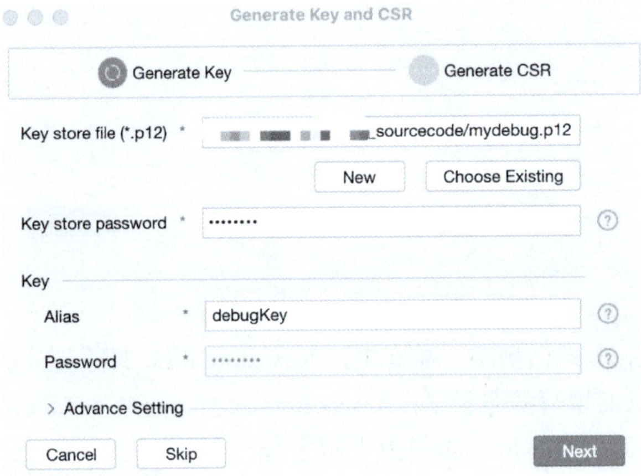

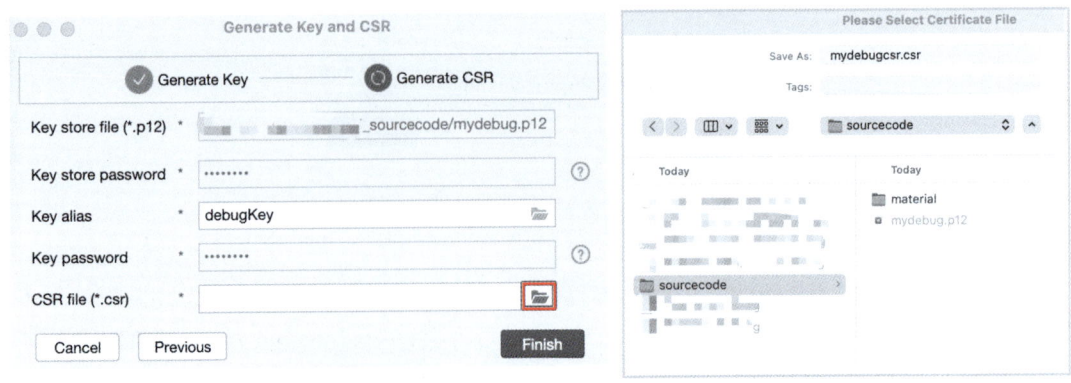

图 2-7　创建证书请求文件

　　单击"Next"按钮，在"Generate Key and CSR"对话框中选择"CSR file"的存放地址及保存的文件名，本书填写的文件名是 mydebugcsr.csr，然后单击"Finish"按钮，如图 2-8 所示。

图 2-8　选择证书的存放路径

打开存放路径，可以看到密钥文件和证书请求文件，如图 2-9 所示。

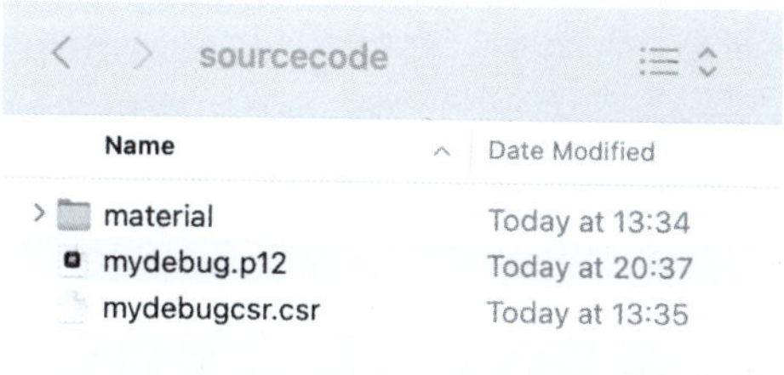

图 2-9　密钥文件和证书请求文件

2.4　申请调试证书

有了证书请求文件，就可以去申请机构申请证书了。华为的申请机构平台为 AppGallery Connect，它会审核证书请求文件中包含的申请者信息，在确认开发者身份后，颁发调试证书，即 .cer 格式文件，证明该证书持有者的身份合法、可信。在真机中安装和运行应用时，应用会校验证书的来源，以确保安装的应用版本是由真实开发者提供的，而非由第三方仿冒的。需要明确的是，想要获取调试证书文件，必须使用前面生成的证书请求文件。以下是调试证书文件的生成方式。

登录 AppGallery Connect，单击"证书、APP ID 和 Profile"按钮，在左侧导航栏中选择"证书"选项，进入"证书"选项卡，如图 2-10 所示。

图 2-10　生成调试证书文件

单击"新增证书"按钮，在弹出的"新增证书"对话框中，在"证书名称"文本框中填写mydebugcer，然后在"证书类型"中选择调试证书，最后在"选取证书请求文件"中选择前面生成的证书请求文件，单击"提交"按钮，即可完成新增证书的申请。回到"证书"选项卡，可以看到刚才创建的证书已经存在，单击"下载"按钮，可以将对应的证书保存到本地，以便在调试签名时使用，如图 2-11 所示。

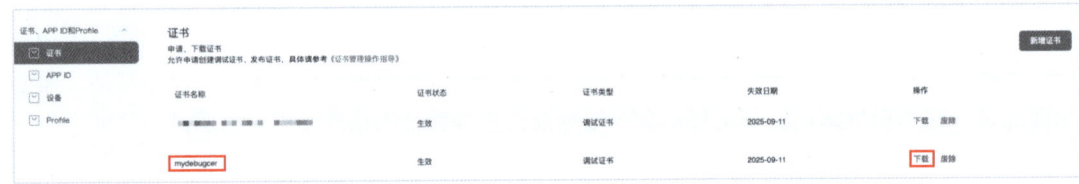

图 2-11 下载新增的证书

下载到本地的证书及文件如图 2-12 所示。

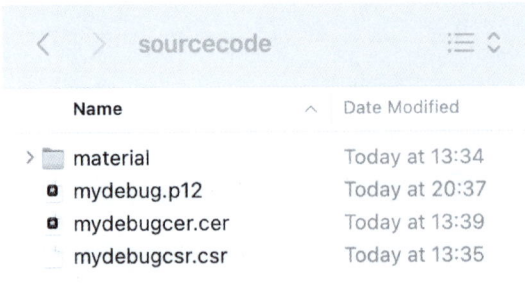

图 2-12 下载到本地的证书及文件

2.5 注册调试真机

在开发调试过程中，可能会涉及未正式发布的应用版本，这些版本可能会包含一些敏感信息和未完善的功能。如果任何一台设备都能进行安装或者调试，则会导致敏感信息泄露以及非正式版本的滥用和传播，因此必须采用预先录入设备 UDID 的方式，严格限制只有被明确授权的设备才能运行测试版本，以最大程度地降低风险。下面讲述如何将设备注册到 AGC 设备列表中。

先获取设备的 UDID，如图 2-13 所示。

- 单击"设置"->"关于本机"菜单命令，多次单击版本号，打开开发者模式。
- 单击"设置"->"系统"菜单命令，在最下方选择"开发人员选项"，然后单击"USB 调试"按钮。
- 使用 PC 连接手机后，打开命令行工具，进入 HDC 目录（一般为 DevEco Studio 安装目录 /sdk/default/openharmony/toolchains），输入 hdc shell bm get --udid 命令，获取设备的 UDID。

```
                       ~ % /Applications/DevEco-Studio.app/Contents/sdk/default/openhar
mony/toolchains/hdc shell bm get --udid
udid of current device is :
A06665782E32B52092B25EFB0AB0182C9279B4A798E62446922766C6F89B27D6
```

图 2-13　获取设备的 UDID

再登录 AppGallery Connect，单击"证书、APP ID 和 Profile"按钮，在左侧导航栏选择"设备"选项，进入"设备"选项卡。单击"添加设备"按钮，如图 2-14 所示。

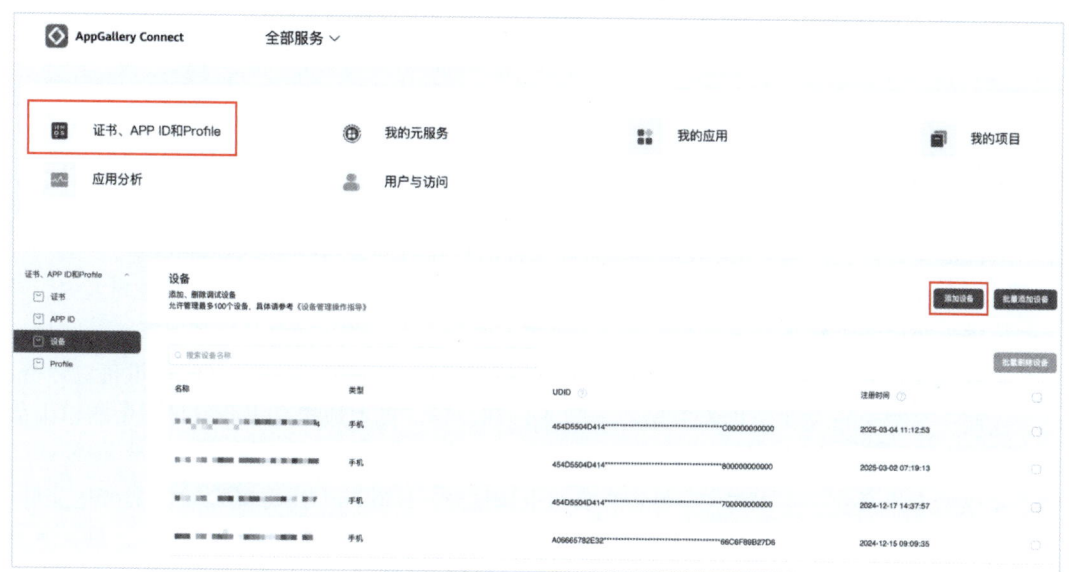

图 2-14　添加设备

在弹出的"填写设备信息"对话框中，填写设备的名称，选择设备类型，并填入使用 hdc

命令获取的设备的 UDID，单击"提交"按钮。回到设备选项卡，即可看到对应的设备，如图 2-15 所示。

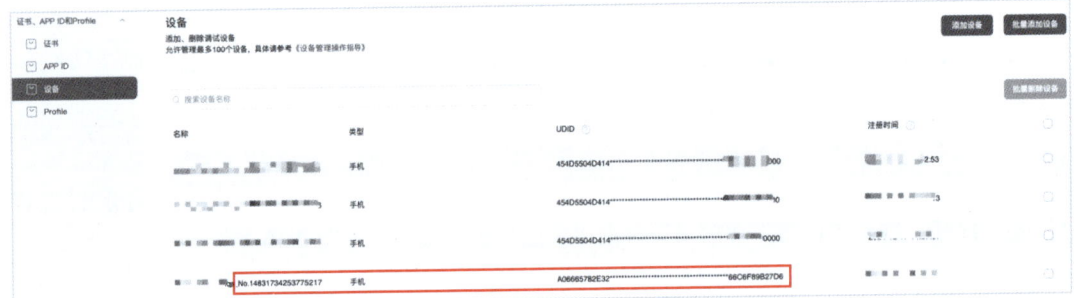

图 2-15　填写设备信息

2.6　申请调试 Profile 文件

Profile 文件是一种调试权限配置的文件，文件的扩展名为 .p7b，主要作用如下。

- 限制应用安装的范围：Profile 文件明确限制调试版本只能安装到指定的设备列表中，以确保测试阶段的 App 不会被安装到未被授权的设备中，防止意外扩散和泄露。
- 确认应用和设备的绑定关系：明确哪个 App（通过包名确认）可以在哪些设备上运行。同一个 Profile 文件只能授权给特定的 App 和设备，极大地提高了开发过程中的精细化权限控制的效率。
- 保障应用开发和测试的安全性：在真机上调试时，HarmonyOS 系统会校验 Profile 文件，确认安装的 App 包名是否相符，确认安装设备的 UDID 是否在授权列表中，确认 App 签名是否匹配。如果上述校验不通过，则应用无法安装或启动，保护了开发者的成果。

Profile 文件包含 HarmonyOS 应用包名、数字证书信息、应用允许申请的证书权限列表，以及允许应用调试的设备列表等内容，每个应用必须包含一个 Profile 文件。下面是 Profile 文件的具体生成方式。

登录 AppGallery Connect，单击"证书、APP ID 和 Profile"按钮，在左侧导航栏选择"Profile"选项，进入"Profile"选项卡，如图 2-16 所示。

图 2-16　生成 Profile 文件

单击"添加"按钮，"应用名称"选择推送测试，"Profile 名称"输入 mypushtest_profile，"类型"选择"调试"，"选择证书"选择此前生成的 mydebugcer，"选择设备"选择 2.5 节新增的设备，然后单击"添加"按钮，如图 2-17 所示。

图 2-17　填写 Profile 信息

回到"Profile"选项卡，就会看到添加的 Profile。单击"下载"按钮，将其卜载到本地，如图 2-18 所示。

图 2-18　下载 Profile

下载到本地的 Profile 文件如图 2-19 所示。

2.7　手动配置签名信息

可以使用密钥（.p12）文件、申请的调试证书（.cer）文件和调试 Profile（.p7b）文件来手动配置签名信息。在 DevEco Studio 中打开本章配套的案例代码，工程名为 push，

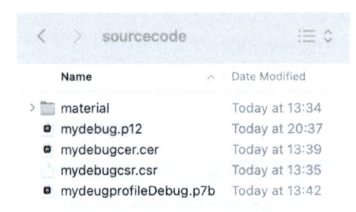

图 2-19　Profile 文件

选择"File"->"Project Structure"菜单命令，在弹出的"Project Structure"对话框中，选择"Project"选项，单击"Signing Configs"选项卡，取消勾选"Automatically generate signature"复选框，然后配置工程的签名信息，单击"Apply"按钮，完成配置，如图 2-20 所示。

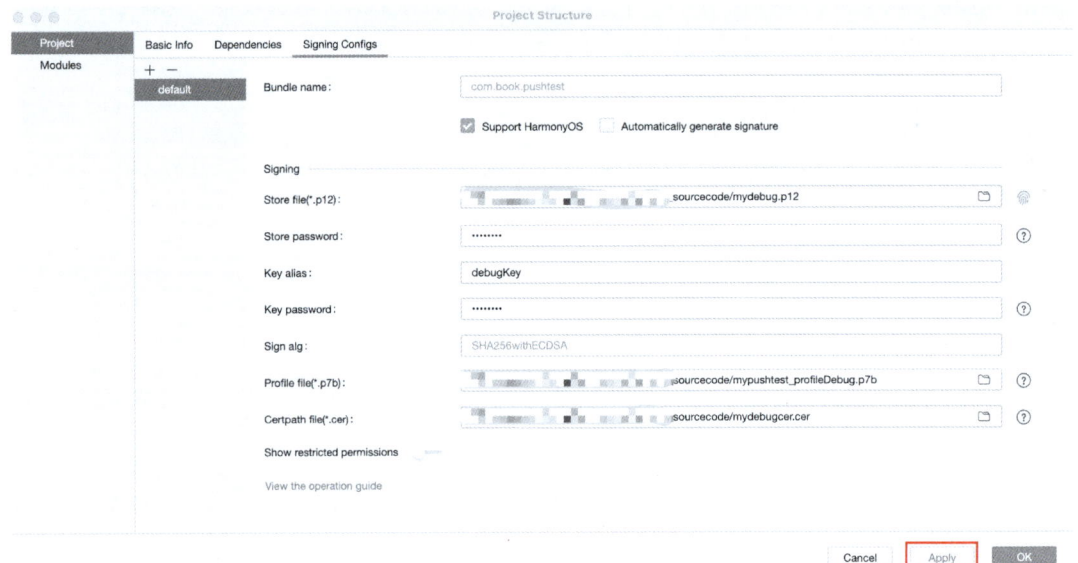

图 2-20　配置工程签名信息

配置项说明如表 2-1 所示。

表 2-1　配置项说明

配　置　项	说　　明
Store file	选择密钥库文件，文件扩展名为 .p12，该文件为生成密钥和证书请求文件中生成的密钥文件
Store password	输入密钥库密码，该密码与生成密钥和证书请求文件中填写的密钥库密码保持一致
Key alias	输入密钥的别名信息，与生成密钥和证书请求文件中填写的别名保持一致
Key password	输入密钥的密码，与生成密钥和证书请求文件中填写的 Store password 保持一致
Sign alg	签名算法，固定为 SHA256withECDSA
Profile file	选择申请调试证书和调试 Profile 文件中生成的 Profile 文件，文件的扩展名为 .p7b
Certpath file	选择申请调试证书和调试 Profile 文件中生成的数字证书文件，文件的扩展名为 .cer

完成配置后，进入工程级 build-profile.json5 文件，在"signingConfigs"下可查看配置成功的签名信息，如图 2-21 所示。

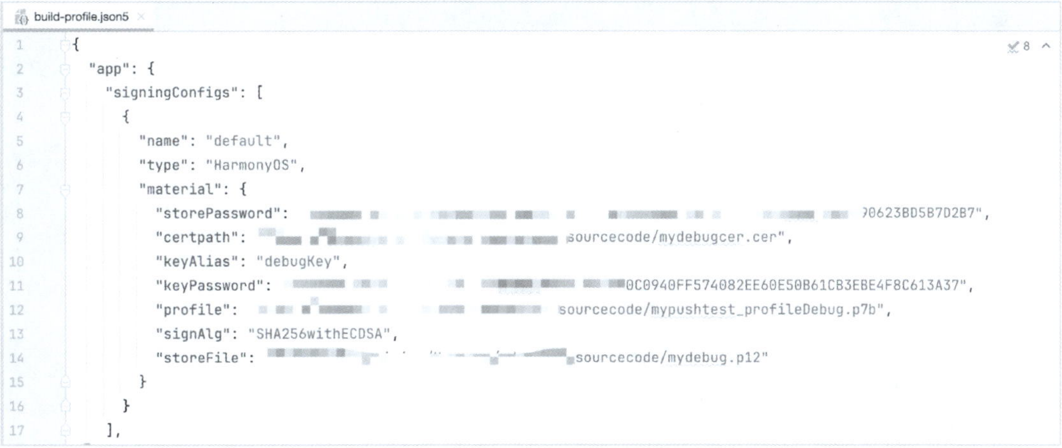

图 2-21　配置成功的签名信息

2.8　真机运行

打开 push 案例工程，确保 AppScope/app.json5 文件里配置的 bundleName 是自己申请的应用包名。本案例申请的应用包名为 2.1 节中的 com.book.pushtest。

```bash
{
  "app": {
    "bundleName": "com.book.pushtest", // 要与 2.1 节申请的应用包名对应
    "vendor": "example",
    "versionCode": 1000000,
    "versionName": "1.0.0",
    "icon": "$media:app_icon",
    "label": "$string:app_name
"
  }
}
```

运行代码，选择在 2.3 节注册的真机设备，如图 2-22 所示。

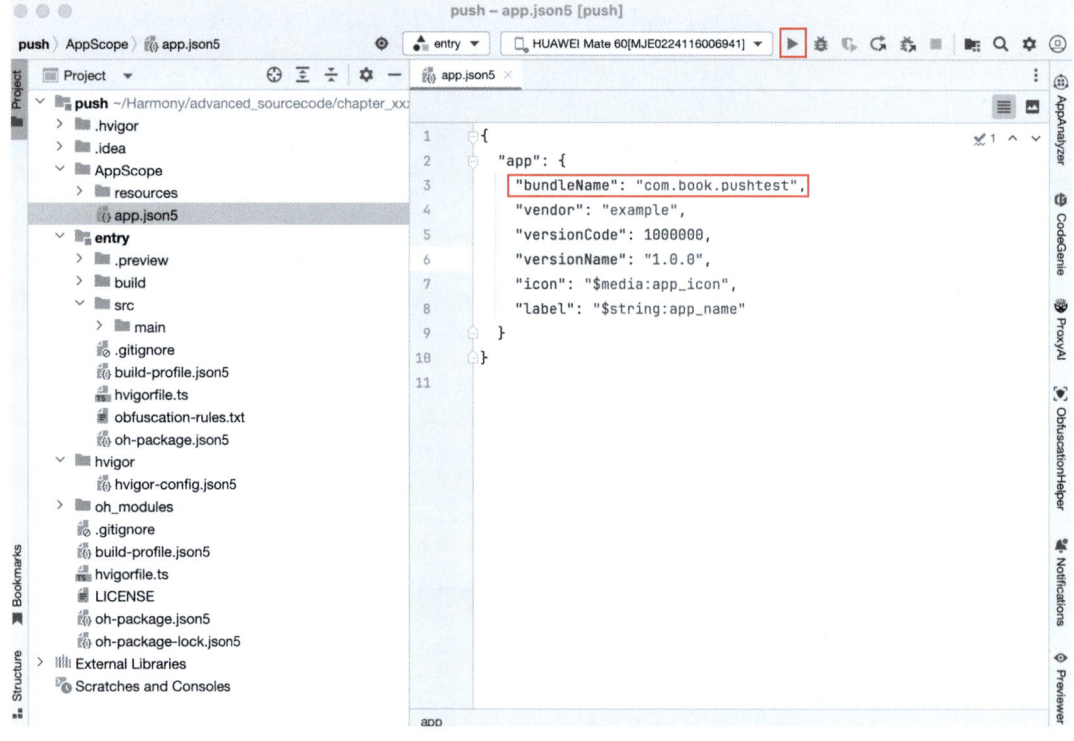

图 2-22　工程页面

成功运行后，会看到首页，如图 2-23 所示。

图 2-23　首页

2.9　本章小结

本章系统地介绍了 HarmonyOS 真机调试与手动签名的全流程，涵盖了从密钥文件生成、证书请求文件申请、数字证书颁发，到设备绑定与调试 Profile 文件配置的每个重要环节。每步操作都体现了严密的安全管理设计，目的在于保护开发者和用户的信息安全。在掌握这些步骤后，开发者能够更规范、更安全地开展 HarmonyOS 应用开发与调试工作。

习　　题

2.1　在真机调试中，密钥文件的主要作用是什么？

答案提示：开发者身份的唯一认证方式，确保应用发布的来源可靠。

2.2　为什么需要创建证书请求文件？

答案提示：用于向官方认证机构申请证书，使应用获得合法的运行权限。

2.3　为什么需要提前录入设备的 UDID？

答案提示：限制应用只能在特定的被授权的设备上安装，防止测试版本意外扩散和泄露。

2.4　调试 Profile 文件的作用是什么？

答案提示：实现开发者证书、应用包名和设备的 UDID 三方的绑定，精细化控制调试权限。

第 3 章
相机调用与媒体访问功能

在现代智能设备中，相机和图像识别技术的应用越来越广泛。从简单的拍照功能到复杂的文字识别，图像处理已成为移动设备中的一项核心技术。本章将通过一个先利用拍照或者相册获取图片再进行文字识别的例子，深入介绍相机相册管理和文字识别的实现方式，帮助开发者掌握在应用中集成这些功能的方法。

3.1 相机的使用

3.1.1 相机权限

在使用相机时，首先需要确保应用具备相机权限。相机权限是保护用户隐私和设备安全的重要措施，操作系统通常会要求应用在使用相机功能前明确请求并获取用户的授权。本节将探讨在应用中申请并获取相机权限的方法，如图 3-1 所示。

打开相机权限：在工程的 module.json5 文件中配置相机权限，如图 3-2 所示。

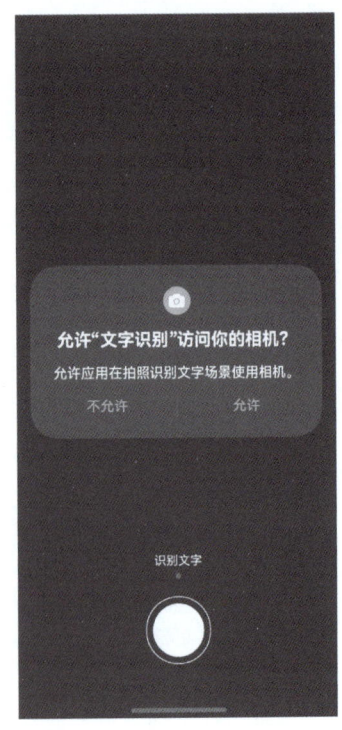

图 3-1　相机权限申请示例

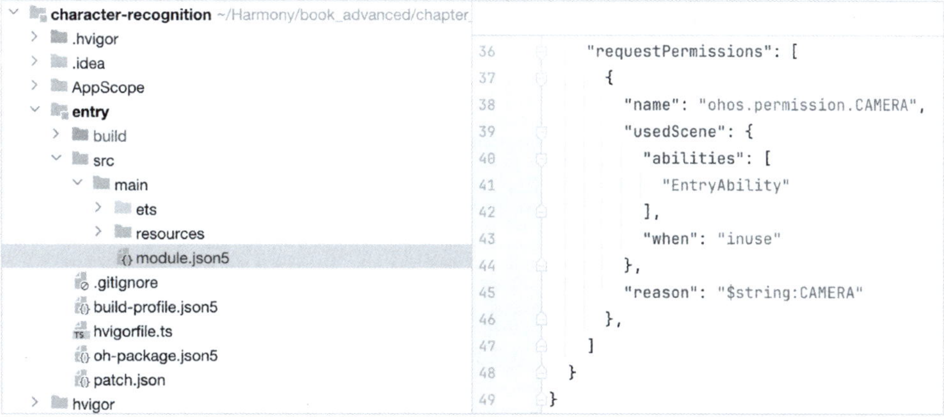

图 3-2　配置相机权限

申请相机权限：在应用中，权限的申请通常遵循以下几个步骤。

- 检查权限：应用需要检查当前是否已获取相机权限。如果已经获取，则可以直接操作相机；如果未获取，则需要向用户申请。在 PermissionUtils.ets 中，核心代码如下。

```typescript
const PERMISSIONS: Array<Permissions> = [
  'ohos.permission.CAMERA'
];
```

```typescript
// 检查是否已经获取相机权限
for (let i = 0; i < PERMISSIONS.length; i++) {
  let state = await atManager.checkAccessToken(tokenId, PERMISSIONS[i]);
  Logger.info(TAG, 'grantPermission checkAccessToken ${PERMISSIONS[i]} +: ${JSON.
stringify(state)}');
  if (state !== abilityAccessCtrl.GrantStatus.PERMISSION_GRANTED) {
    pems.push(PERMISSIONS[i]);
  }
}
```

- 请求权限：如果没有权限，则需要向用户申请授权。申请时，系统会展示一个权限对话框，询问用户是否授予相机权限，如图 3-1 所示。核心代码如下。

```typescript
// 请求用户授权
if (pems.length > 0) {
  Logger.info(TAG, 'grantPermission requestPermissionsFromUser:' + JSON.stringify
(pems));
  let ctx = context
  let result: PermissionRequestResult = await atManager.requestPermissionsFromUser
(ctx, pems);
```

```
let grantStatus: Array<number> = result.authResults;
let length: number = grantStatus.length;
// ...
}
```

- 处理权限结果：用户作出选择后，应用需要根据权限申请的结果执行后续操作。如果用户授予了权限，则可以继续操作相机；如果用户拒绝了申请，则需要妥善处理，避免应用崩溃或出现异常。

```typescript
// 处理权限申请结果
for (let i = 0; i < length; i++) {
  Logger.info(TAG, 'grantPermission requestPermissionsFromUser ${result.permis
sions[i]} +: ${grantStatus[i]}');
  if (grantStatus[i] !== 0) {
    Logger.info(TAG, 'grantPermission fail');
    return false;
  }
}
```

3.1.2 相机工作流程

在获取相机权限后，就可以使用相机服务了。通过 CameraKit 提供的相关 API 来开发相机功能。相机的工作流程如图 3-3 所示，可以分为三部分：相机输入设备管理、会话管理和相机输出管理。具体说明如下。

- 相机输入设备管理：相机设备调用摄像头采集数据，作为相机输入流。
- 会话管理：会话管理可配置输入流，即选择哪些镜头进行拍摄。另外，可以配置闪光灯、曝光时间、对焦和调焦等参数，实现不同拍摄效果，从而适配不同的业务场景。应用可以通过切换会话来满足不同场景的拍摄需求。
- 相机输出管理：配置相机的输出流，即将内容以预览输出流、拍照输出流或视频输出流等形式输出。

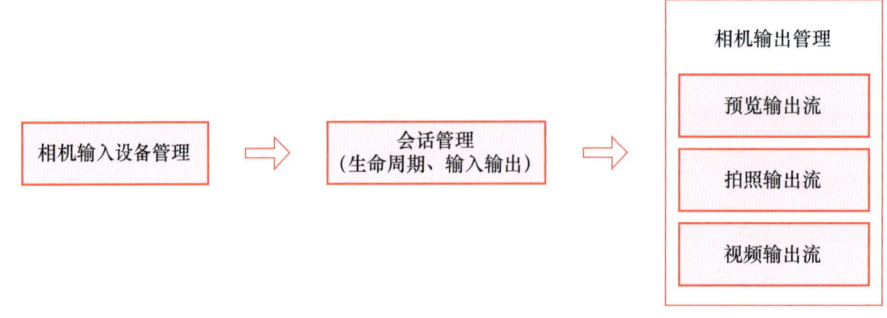

图 3-3　相机的工作流程

3.1.3　代码实现相机拍照

本案例的目的是通过相机拍照后识别出文字，因此按照相机的工作流程介绍相关代码。具体工作流程如下。

1. 相机输入设备管理

相机输入设备管理涉及相机设备的初始化，获取相机输入流，并准备捕获图像数据。在代码中，相机输入设备管理对应以下部分。

- 获取相机设备：通过 getCameraDevices 获取相机设备列表，并选择一台设备生成输入流。
- 初始化相机输入：通过 getCameraInput 获取相机输入流，并打开该相机输入流。

```typescript
import { BusinessError } from '@kit.BasicServicesKit';
import { camera } from '@kit.CameraKit';
import { common } from '@kit.AbilityKit';

// 获取相机管理器
this.cameraMgr = camera.getCameraManager(getContext(this) as common.UIAbilityContext);
// 获取设备支持的相机列表
let cameraArray = this.getCameraDevices(this.cameraMgr);
// 选择一台相机设备
this.cameraDevice = cameraArray[CommonConstants.INPUT_DEVICE_INDEX];
// 获取相机输入流
this.cameraInput = this.getCameraInput(this.cameraDevice, this.cameraMgr) as camera.CameraInput;
// 打开相机输入流
await this.cameraInput.open();
```

2. 会话管理

会话管理指配置相机的输入流、输出流和各种拍摄参数（曝光、对焦、闪光灯等）。在会话管理中，应用可以切换不同的拍摄场景，并且控制如何从输入设备获取数据，以及如何配置输出流。代码如下。

```typescript
// 获取相机的输出（分辨率、支持的拍摄模式）
this.capability = this.cameraMgr.getSupportedOutputCapability(this.cameraDevice, camera.SceneMode.NORMAL_PHOTO);
// 创建并初始化捕获会话，管理输入流和输出流
this.captureSession = this.getCaptureSession(this.cameraMgr) as camera.PhotoSession;
// 配置捕获会话，例如输入流、输出流等
this.beginConfig(this.captureSession);
// 启动捕获会话并开始捕获图像数据。通过该方法，可以将相机输入流、预览输出流和拍照输出流添加到会话中
this.startSession(this.captureSession, this.cameraInput, this.previewOutput, this.photoOutput);
```

3. 相机输出管理

相机输出管理负责将相机的拍摄内容输出到预览输出流、照片输出流或视频输出流。它允许应用显示预览图像或保存拍照的图像数据。

```typescript
// 获取预览输出流，用于显示相机的实时画面
this.previewOutput = this.getPreviewOutput(this.cameraMgr, this.capability, surfaceId)
as camera.PreviewOutput;
// 获取照片输出流，用于捕获拍照内容
this.photoOutput = this.getPhotoOutput(this.cameraMgr, this.capability) as camera.
PhotoOutput;

// 获取预览输出流
getPreviewOutput(cameraManager: camera.CameraManager, cameraOutputCapability: camera.
CameraOutputCapability, surfaceId: string): camera.PreviewOutput | undefined {
    // 获取相机设备支持的所有预览配置（包括分辨率、帧率等）
    let previewProfilesArray: Array<camera.Profile> = cameraOutputCapability.
previewProfiles;
    // 声明用于存储预览输出流的变量，初始化为 undefined
    let previewOutput: camera.PreviewOutput | undefined = undefined;
    // 创建预览输出流，使用从相机设备的输出功能中获取的配置和传入的 surfaceId
    previewOutput = cameraManager.createPreviewOutput(previewProfilesArray[CommonConst
ants.OUTPUT_DEVICE_INDEX], surfaceId);
    // 返回创建的预览输出流
    return previewOutput;
}

// 获取照片输出流 getPhotoOutput(cameraManager: camera.CameraManager,
cameraOutputCapability: camera.CameraOutputCapability): camera.
PhotoOutput | undefined {
    // 获取相机设备支持的所有照片配置（包括分辨率、饱和度等）
    let photoProfilesArray: Array<camera.Profile> = cameraOutputCapability.photoProfiles;
    Logger.info(TAG, JSON.stringify(photoProfilesArray));
    // 如果没有可支持的照片配置，则记录日志并返回 undefined
    if (!photoProfilesArray) {
        Logger.info(TAG, 'createOutput photoProfilesArray == null || undefined');
    }
    // 声明用于存储照片输出流的变量，初始值为 undefined
    let photoOutput: camera.PhotoOutput | undefined = undefined;
    try {
        // 创建照片输出流，使用从相机设备的输出功能中获取的配置（如分辨率、饱和度等）
        photoOutput = cameraManager.createPhotoOutput(photoProfilesArray
[CommonConstants.OUTPUT_DEVICE_INDEX]);
    } catch (error) {
        // 如果创建失败，则记录错误日志
        Logger.error(TAG, 'Failed to createPhotoOutput. error: ${JSON.stringify(error
```

```typescript
as BusinessError)}');
  }
  // 返回创建的照片输出流
  return photoOutput;
}
```

4. 捕获照片数据

　　拍照完成后，通过设置的拍照事件监听器获取对应的照片数据。将照片数据转化为 buffer，就可以用于文字识别。buffer 是一段连续的内存空间，用来存储二进制数据。当处理图片、音频、视频和文件等媒体资源时，系统内部并不是直接处理"文件"这个概念，而是处理"文件对应的一段段二进制内容"，例如，图片就是二进制的 JPEG/PNG 格式的数据。要想让模型识别图片，就必须将图片转换成内存可识别的二进制数据，这就要用 buffer 来承载。代码如下。

```typescript
typescript
// 设置拍照事件监听器，当捕获照片时触发监听
this.photoOutput.on('photoAvailable', (errCode: BusinessError, photo: camera.
Photo): void => {
  // 获取照片的主图像数据
  let imageObj = photo.main;
  // 获取 JPEG 格式的图片组件
  imageObj.getComponent(image.ComponentType.JPEG,async (errCode: BusinessError,
component: image.Component)=> {
    if (errCode || component === undefined) {
      return;
    }
    let buffer: ArrayBuffer;
    // 获取图片的字节流
    buffer = component.byteBuffer
  // 可以将 buffer 传入文字识别方法进行识别
  })
})
```

3.2　相册的使用

　　本节主要讲解相册的图片读取方法，使用 Picker 选择图片后进行文字识别，当前此接口无须申请权限即可直接使用。该功能使用的系统模块主要是 MediaLibraryKit，下面详细介绍图片的读取方法。

3.2.1　配置相册选择参数

　　为了识别图片中的文字，需要从用户相册中获取图片资源。HarmonyOS 提供了便捷的相册访问接口，开发者可以通过配置图片选择参数，灵活地控制用户可选择的图片类型及数量，

接下来介绍如何配置这些参数。

```typescript
// 创建文件选项实例
let photoSelectOptions = new photoAccessHelper.PhotoSelectOptions();
// 设置要选择的媒体文件类型，本节设置为图片文件类型
photoSelectOptions.MIMEType = photoAccessHelper.PhotoViewMIMETypes.IMAGE_TYPE;
// 设置选择文件的最大数量
photoSelectOptions.maxSelectNumber = selectNumber;
```

3.2.2 拉起图库并选择图片

当配置好图片选择器后，就可以通过拉起系统图库界面，让用户从相册中选择自己希望识别的图片，如图 3-4 所示。

```typescript
// 创建图库选择器实例
let photoPicker = new photoAccessHelper.PhotoViewPicker();
// 拉起图库界面并选择图片
let photoResult = await photoPicker.select(photoSelectOptions);
```

图 3-4　拉起图库界面并选择图片

3.2.3　读取 URI 对应的图片数据

当用户从图库中选择图片后，系统会返回对应的统一资源标识符（Uniform Resource Identifier，URI），它是用来标识资源（文件、网络地址和本地媒体文件等）的"地址"或"引用"。在使用图库选择器获取图片时，返回的 URI 通常如下。

```typescript
file://***media/Photo/1/IMG_20250328_0001/displayName.jpg
```

这个字符串并非文件本身，而是一个资源定位符，它指向系统中由媒体服务管理的一张图片。不能直接使用 URI 读取文件内容，而是应该使用 fileIo 将 URI 转换为 buffer。至于为什么需要 buffer，在相机使用部分已经介绍过了。在获取 buffer 后，调用文字识别方法识别文字，代码如下。

```typescript
import fs from '@ohos.file.fs';

// 判断选择的图片个数，如果小于 1，则返回
if(photoResult.photoUris.length < 1){
  return;
}
// 获取用户选择的第一张图片的 URI
let file = fs.openSync(photoResult.photoUris[0], fs.OpenMode.READ_ONLY);
let size = fs.statSync(file.fd).size;
// 创建缓存区，用于读取数据，其中 size 为图片大小
let buf = new ArrayBuffer(size);
// 从文件中将数据读取到 buffer
fs.readSync(file.fd, buf);
// 关闭文件描述符，释放资源
fs.closeSync(file);
// 可以将 buffer 传入文字识别方法进行识别
```

3.3　图片文字识别

3.3.1　识别效果

根据上述拍照识别流程，拍照识别的效果如图 3-5 所示。

根据上述选择图片识别流程，识别的效果如图 3-6 所示。

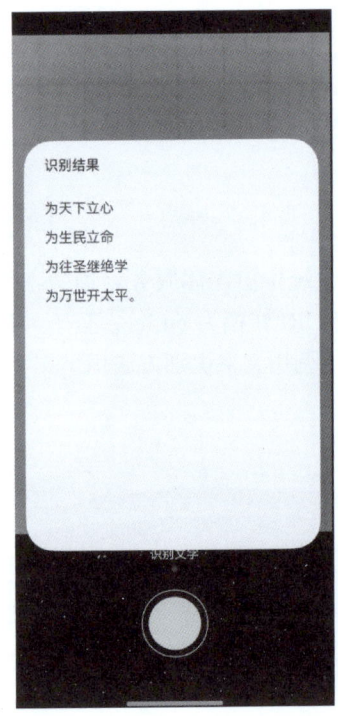 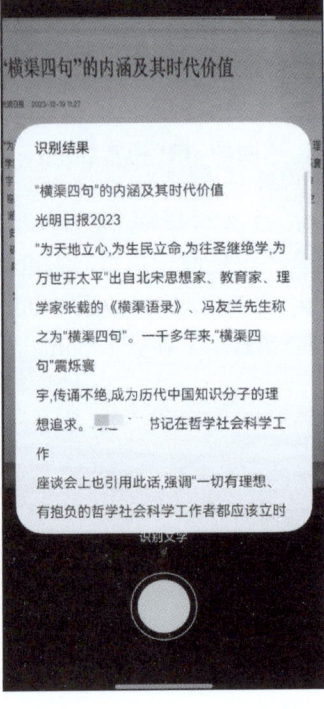

图 3-5　拍照识别的效果

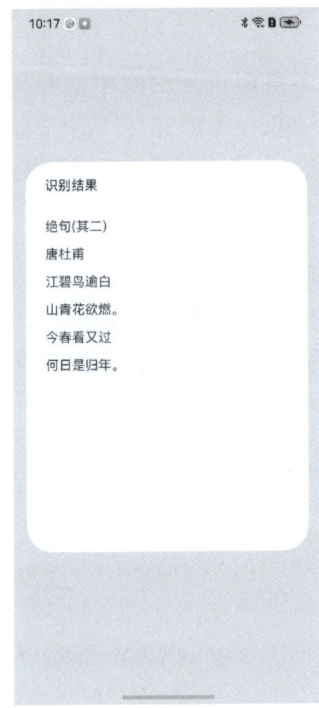

图 3-6　选择图片识别的效果

3.3.2　使用 CoreVisionKit 进行识别

　　按照上述步骤，可以顺利地通过相机进行拍照。在获取照片后，就可以对照片上的文字进行识别了。本节用到了 HarmonyOS 提供的 CoreVisionKit 组件库，通过该组件库提供的 recognizeText 方法即可识别出文字。核心代码如下。

```typescript
import { textRecognition } from '@kit.CoreVisionKit';
// 识别图片中的文字
async recognizeImage(buffer: ArrayBuffer): Promise<string> {
  // 创建图像资源对象
  let imageResource = image.createImageSource(buffer);
  // 将图像数据转换为 PixelMap 实例
  let pixelMapInstance = await imageResource.createPixelMap();
  // 创建文字识别所需的 VisionInfo 对象
  let visionInfo: textRecognition.VisionInfo = {
    pixelMap: pixelMapInstance
  };
  // 配置文字识别的相关参数
  let textConfiguration: textRecognition.TextRecognitionConfiguration = {
```

```
      isDirectionDetectionSupported: true
   };
   // 存储识别结果
   let recognitionString: string = '';
   // 检查设备是否支持 OCR 文字识别功能
   if (canIUse("SystemCapability.AI.OCR.TextRecognition")) {
      // 调用文字识别 API 进行文字识别
      await textRecognition.recognizeText(visionInfo, textConfiguration).
then((TextRecognitionResult) => {
         // 如果识别结果为空，则返回无法识别的提示
         if (TextRecognitionResult.value === '') {
            let context = getContext(this) as common.UIAbilityContext
            recognitionString = context.resourceManager.getStringSync($r('app.string.
unrecognizable').id);

   } else {
            // 否则返回识别到的文本
            recognitionString = TextRecognitionResult.value;

}
      })
      // 释放 PixelMap 实例，以避免内存泄漏
      pixelMapInstance.release();
      imageResource.release();
   } else {
      // 如果设备不支持 OCR 功能，则返回设备不支持的提示
      let context = getContext(this) as common.UIAbilityContext
      recognitionString = context.resourceManager.getStringSync($r('app.string.
Device_not_support').id);
      Logger.error(TAG, 'device not support');
   }
   return recognitionString;
}
```

Core Vision Kit（基础视觉服务）是与机器视觉相关的基础功能，例如通用文字识别（Optical Character Recognition，也称光学字符识别）、人脸检测、人脸比对及主体分割等。本章利用 Core Vision Kit 实现图片上的文字识别，开发者可使用该服务体验更多、更有趣的功能。

3.4　理解异步

本章实现了拍照、选择图片，并对图片进行文字识别的完整流程。这些操作之所以能够顺畅地执行，是因为底层采用了异步调用。拍照、选择图片、图像识别等操作往往依赖底层硬件或系统服务，既耗时又不可预测，如果它们是同步执行的，则每步都要"卡住"用户界面等待响应，不仅影响性能，还会严重影响用户体验。为了提供更流畅的交互效果，HarmonyOS 为这

些耗时操作提供了异步 API，使任务可以在后台执行，界面保持响应。下面从"从相册选择图片"这个常见场景入手，介绍异步 API 的使用与封装方式。

3.4.1　异步 API 的使用

鸿蒙官方提供的相册选取图片异步 API 有两个版本，分别是 Promise 版本和传统回调版本。

```typescript
// Promise 版本
select(option?: PhotoSelectOptions): Promise<PhotoSelectResult>;


// 传统回调版本
select(option: PhotoSelectOptions, callback: AsyncCallback<PhotoSelectResult>): void;
```

初学者可能会产生疑惑：为什么 Promise 版本的方法没有 async 修饰，却依然是异步的？这是因为在 JavaScript/TypeScript 中，只要一个方法返回的是 Promise 类型，它就是异步的，即使加 async 关键字，也不影响本质。事实上，下面这两种方法是等价的。

```typescript
select(option?: PhotoSelectOptions): Promise<PhotoSelectResult>;
async select(option?: PhotoSelectOptions): Promise<PhotoSelectResult>;
```

传统版本因为有回调，所以肯定是异步的，综上所述，官方提供的两个 API 都是异步的。下面分析具体的使用方式。

```typescript
// 方式 1- 单击从相册选择按钮
async onFromAlbumClick_1() {
    // 使用 Promise 版本 API 获取 photoResult
    let photoPicker = new photoAccessHelper.PhotoViewPicker();
    // 通过 await 获取 photoResult
    let photoResult = await photoPicker.select(photoSelectOptions);
}

// 方式 2- 单击从相册选择按钮
onFromAlbumClick_2() {
    // 使用 Promise 版本 API 的链式回调获取 photoResult
    photoPicker.select(photoSelectOptions).then(photoResult:photoAccessHelper.
PhotoSelectResult) => {
        // 通过 then 回调获取 photoResult
    });
}

// 方式 3- 单击从相册选择按钮
onFromAlbumClick_3() {
    // 使用传统回调版本 API 获取 photoResult
```

```
    let photoPicker = new photoAccessHelper.PhotoViewPicker();
    photoPicker.select(photoSelectOptions, (err: BusinessError, photoResult:
photoAccessHelper.PhotoSelectResult) => {
        // 使用传统回调获取 photoResult
    })
}
```

在 onFromAlbumClick_1 方法中，使用 Promise 版本 API 获取 photoResult，用到了一个关键字——await，await 会暂停当前异步函数的执行，等待 Promise 执行完成并返回结果，再继续向下执行。

await 只能出现在 async 修饰的函数中，原因是 await 会暂停函数的执行，这种暂停行为只有 async 函数才能支持，所以可以看到 onFromAlbumClick_1 前面有 async 修饰。如果不加 async 修饰，则会提示错误，如图 3-7 所示。

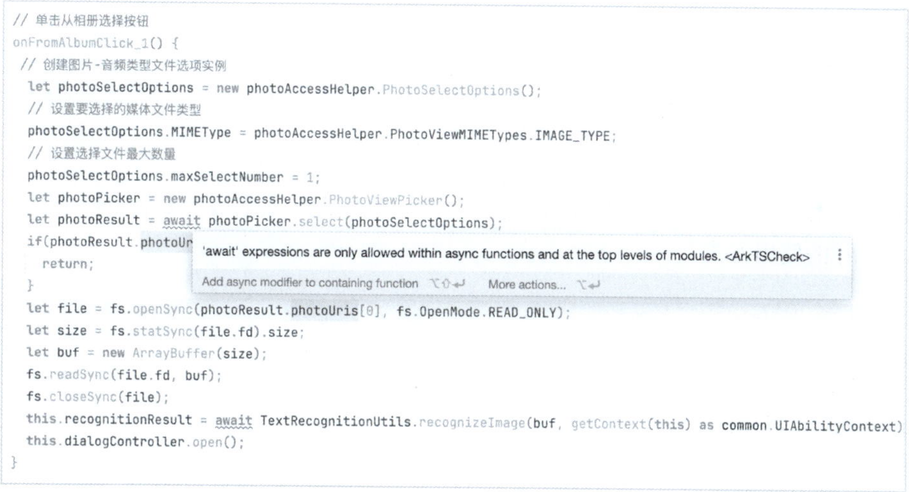

```
// 单击从相册选择按钮
onFromAlbumClick_1() {
  // 创建图片-音频类型文件选项实例
  let photoSelectOptions = new photoAccessHelper.PhotoSelectOptions();
  // 设置要选择的媒体文件类型
  photoSelectOptions.MIMEType = photoAccessHelper.PhotoViewMIMETypes.IMAGE_TYPE;
  // 设置选择文件最大数量
  photoSelectOptions.maxSelectNumber = 1;
  let photoPicker = new photoAccessHelper.PhotoViewPicker();
  let photoResult = await photoPicker.select(photoSelectOptions);
  if(photoResult.photoUr...
    return;                 'await' expressions are only allowed within async functions and at the top levels of modules. <ArkTSCheck>
  }                         Add async modifier to containing function    More actions...
  let file = fs.openSync(photoResult.photoUris[0], fs.OpenMode.READ_ONLY);
  let size = fs.statSync(file.fd).size;
  let buf = new ArrayBuffer(size);
  fs.readSync(file.fd, buf);
  fs.closeSync(file);
  this.recognitionResult = await TextRecognitionUtils.recognizeImage(buf, getContext(this) as common.UIAbilityContext)
  this.dialogController.open();
}
```

图 3-7　不加 async 修饰时的报错提示

await 告诉系统要等 Promise 完成后再获取结果，等到用户选完图片、系统返回结果，Promise 就会变成"完成状态"。然后，await 将它的结果赋值给 photoResult，继续向下执行。读者可能会问，在调用 Promise 版本的 API 时，如果不加 await 会怎么样。这时编译会出现报错提示，提示要加 await，如图 3-8 所示。

在 onFromAlbumClick_2 方法中，使用 Promise 版本的链式回调写法获取 photoResult 的结果，即 Promise 的 .then() 形式。当调用一个返回 Promise 的方法时，有两种方式来等待它的结果，一种方式是使用前面提到的 await，另一种方式是使用 .then()。then() 是 Promise 的实例方法，用来注册异步操作成功后需要执行的操作。

在 onFromAlbumClick_3 方法中，通过传统回调的方式获取 photoResult，比较容易理解，这里不再赘述。

```
// 单击从相册选择按钮
async onFromAlbumClick_1() {
  // 创建图片-音频类型文件选项实例
  let photoSelectOptions = new photoAccessHelper.PhotoSelectOptions();
  // 设置要选择的媒体文件类型
  photoSelectOptions.MIMEType = photoAccessHelper.PhotoViewMIMETypes.IMAGE_TYPE;
  // 设置选择文件最大数量
  photoSelectOptions.maxSelectNumber = 1;
  let photoPicker = new photoAccessHelper.PhotoViewPicker();
  let photoResult = photoPicker.select(photoSelectOptions);
  if(photoResult.photoUris.length < 1){
    return;
  }
  let file = fs.openSy
  let size = fs.statSy
  let buf = new ArrayB
  fs.readSync(file.fd,
  fs.closeSync(file);
  this.recognitionResult = await TextRecognitionUtils.recognizeImage(buf, getContext(this) as common.UIAbilityContext)
  this.dialogController.open();
}
```

Property 'photoUris' does not exist on type 'Promise<PhotoSelectResult>'. <ArkTSCheck>

Add 'await' to initializer for 'photoResult'   ⌥⇧↵   More actions...   ↵

any

entry

图 3-8　不加 await 时的报错提示

综合以上案例可以看出，使用 await 更加直观，也能避免很多嵌套 callback 的问题，是现代语法更推荐的使用方式。

3.4.2　异步 API 的封装

在实际开发中，通常会封装一些具有异步特性的功能。以"模拟读取文件"的场景为例，对比展示四种不同的封装方式。

```typescript
// 方式 1- 读取文件
async readFile(filePath: string): Promise<string> {
  let fileString: string = '通过方法获取文件结果';
  return recognitionString;
}

// 方式 2- 读取文件
async readFile(filePath: string) {
  let fileString: string = '通过方法获取文件结果';
  return recognitionString;
}

// 方式 3- 读取文件
readFile(filePath: string): Promise<string> {
  let fileString: string = '通过方法获取文件结果';
  return Promise.resolve(fileString);
```

```
}

// 方式4-读取文件
function readFile(path: string, callback: (data: string) => void): void {
  let fileString: string = '通过方法获取文件结果';
  callback(fileString);
}
```

方式 1 和方式 2 是等价的，因为都使用了 async，所以函数的返回类型无论是否为显式声明，都默认是 Promise< 返回值的类型 >。方式 1、方式 2 和方式 3 也是等价的，因为只要使用 async 修饰一个函数，JavaScript 引擎就会自动将 return 的内容用 Promise.resolve() 包装起来。方式 4 是最传统的回调方式。

3.5　本章小结

本章通过具体的步骤与实例，系统介绍了使用 HarmonyOS 提供的相机与相册服务的方法，包括相机权限的申请流程、相机会话管理的核心概念、相机输入输出管理的代码实现，以及通过 Core Vision Kit 实现图片文字识别的关键技术。同时，深入分析了异步编程的重要性和实现方法。通过学习本章知识，开发者可以掌握异步 API 的调用与封装技巧，为高效开发提供必要的支持。

习　　题

3.1　相机会话管理的作用是什么？在 PhotoSession 中如何配置相机的输入流和输出流？

答案提示：相机会话管理用于配置相机的输入流和输出流，并控制拍照时的各项参数（对焦、曝光等）。在 PhotoSession 中，使用 addInput 和 addOutput 方法添加相机输入流、预览输出流和照片输出流。

3.2　在 CustomDialogExample 中，如何展示识别出的文字，并确保长文本能够滚动显示？

答案提示：通过 Scroller 组件将识别的文本包裹在一个可滚动的区域中，确保用户能够查看完整的文本内容。通过 Text 组件显示识别结果，并设置适当的布局和样式。

3.3　请简述 Promise 和 async/await 的关系，以及它们的联系和区别。

答案提示：

- 二者的联系：async/await 是基于 Promise 的语法糖，用于简化异步操作；所有 async 函数返回的都是一个 Promise；await 用于等待一个返回 Promise 的异步操作结果，相当于 .then() 的替代写法。

- 二者的区别：Promise 的 .then() 写法是链式回调，适合处理多个连续的异步任务，但容易出现回调地狱；async/await 更直观，写法类似于同步代码，可读性更强，更易于维护；await 必须在 async 函数内部使用，否则会报错。

第4章
消息推送机制与实战解析

消息推送作为移动应用开发中的重要组成部分，是应用与用户高效沟通的重要桥梁，深刻影响着用户体验和应用的长期发展。HarmonyOS 不仅提供了便捷的官网平台推送方案和灵活的自建服务端推送方案，更针对客户端的数据处理与消息展示提供了强大且易用的 API，使开发者能够轻松地构建完整的推送消息闭环。

本章将全面介绍 HarmonyOS 的推送机制，包括从服务端消息的发送，到客户端消息的接收、解析、处理与展示等环节。通过学习本章内容，读者将掌握有效地接入官方推送服务、灵活地实现自定义消息推送，以及接收到消息后的客户端数据解析与处理，进而实现精准、高效的消息送达与互动，提高应用的用户黏性和活跃度的方法。

4.1 名词术语

对于初次接触消息推送机制的读者，在面对推送、消息、通知这些术语时可能会比较茫然，在日常沟通当中甚至会混用，因此本书详细介绍这三个术语，如表 4-1 所示。

表 4-1 名词术语解释

术　语	定　义	特　点
推送（Push）	由服务器主动发起，向用户设备发送消息的过程	服务器主动触发，实时性高，用户无须主动请求即可收到消息。多用于应用通知、营销活动、提醒、新闻更新等场景
消息（Message）	推送过程中传递的内容载体，是实际发送到用户端的信息实体	纯文本、富文本、媒体内容或交互式内容，一般以 JSON 格式或其他结构化格式封装。消息本身不一定会显示为通知，可能会在后台静默处理

（续表）

术　语	定　义	特　点
通知（Notification）	用户端收到推送消息后的具体表现形式，如通知栏提示、弹窗提醒、声音振动提示等	用户直接可见的交互形式，通过设备通知权限控制，用户可以选择屏蔽或自定义设置。通知栏的视觉展示、行为动作都属于通知的范畴

4.2　示例展示

第 2 章通过手动配置证书的方式进行真机调试，已经将配套的推送案例成功地运行在真机上。如图 4-1 所示，应用收到了两种消息，一种是通过 Postman 模拟请求发送的，一种是通过 AppGallery Connect 后台发送的。下面介绍发送、展示和处理消息的方法。

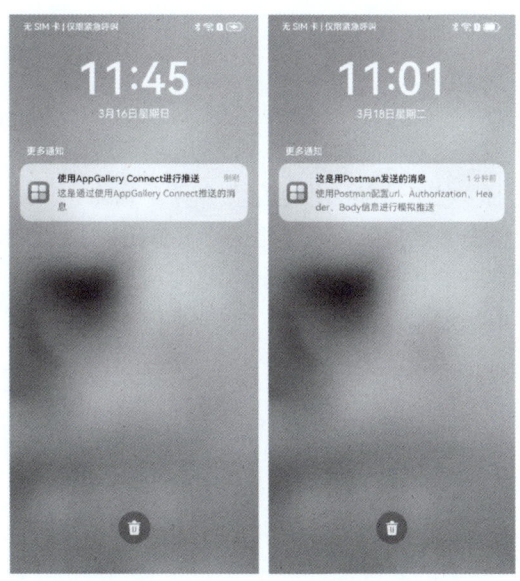

图 4-1　消息展示

4.3　推送准备工作

4.3.1　开通推送服务

登录 AppGallery Connect，单击"我的项目"按钮，找到已创建的"图书案例"项目，如图 4-2 所示。

图 4-2 选择项目

在左侧导航栏中，选择"增长"->"推送服务"菜单命令，然后单击"立即开通"按钮，最后在弹出的快捷菜单中单击"确定"按钮。之后，会弹出一个提示框，询问受众群组和订阅用户功能的数据处理位置，在"中国"一行中，勾选对应的"启用"复选框并将其设为默认，单击"确定"按钮，如图 4-3 所示。

图 4-3 开通推送服务

图 4-3　开通推送服务（续）

在左侧导航栏中选择"项目设置"选项，单击"API 管理"选项卡，应用选择"推送测试"，单击"API 管理"选项卡，在搜索框输入"push"，出现"增长"页面，确保已经开启"推送服务"功能，如图 4-4 所示。

图 4-4　开启推送服务功能

4.3.2 消息默认分类

通知消息分为服务与通讯、资讯营销两大类，不同类型的通知消息在提醒方式、消息展示位置、推送数量上存在差异。如果仅需要发送资讯营销类（category 取值为 MARKETING）消息，则无须申请通知消息自分类权益。这里使用资讯营销类消息进行演示，如果需要申请服务与通讯类消息，那么可以在配置页面操作，如图 4-5 所示，这里不再赘述。

图 4-5　申请服务与通讯类消息

4.3.3 允许 App 发送通知

打开并运行 push 案例，首次启动时会有弹窗，询问用户是否允许通知，具体的实现代码在 MainAbility.ets 文件中，代码如下。

```typescript
import { notificationManager } from '@kit.NotificationKit';

private async requestEnableNotification(): Promise<void> {
  try {
    await notificationManager.requestEnableNotification(this.context);
```

```
      Logger.info('Succeeded in requesting enable notification');
  } catch (e) {
      const err: BusinessError = e;
      Logger.error('Failed to request enable notification: %{public}d %{public}s',
err.code, err.message);
  }
}
```

为了更好地调试，在授权弹窗中单击"允许"按钮，如图 4-6 所示。

图 4-6　授权弹窗

4.3.4　推送消息跳转

当用户单击推送消息进入应用时，通常期望能够精准地跳转到特定页面并获得相应的数据，实现个性化的用户体验。为确保这一点，需要在 src/main/module.json5 中完成 skills 标签的配置，代码如下。

```json
{
    "name": "MainAbility",
    "srcEntry": "./ets/abilities/MainAbility.ets",
    "description": "$string:MainAbility_desc",
    "icon": "$media:icon",
    "label": "$string:MainAbility_label",
    "exported": true,
    "startWindowIcon": "$media:icon",
```

```
"startWindowBackground": "$color:startWindowBackgroundColor",
"skills":
[
    {
        "entities":
        [
            "entity.system.home"
        ],
        "actions":
        [
            "action.system.home",
            "action.ohos.push.listener"
        ]
    }
]
}
```

4.3.5 获取 Push Token

Push Token 标识了设备上的所有应用，开发者调用 getToken() 接口向 Push Kit 服务端请求 Push Token，获取之后用它来推送消息。

只有在下列场景中，Push Token 才会发生变化：卸载应用后重新安装、设备恢复出厂设置、应用显式调用 deleteToken() 接口后重新调用 getToken() 接口、应用显式调用 deleteAAID() 接口后重新调用 getToken() 接口。因此，建议在应用启动时调用 getToken() 接口，若设备的 Push Token 发生变化，则应及时更新 Push Token。

找到 MainPage.ets 文件的 getToken() 方法，获取 Token 后展示到了弹窗中。如果获取失败，则需要检查是否开通了推送服务，代码如下。

```typescript
import { pushService } from '@kit.PushKit';

private async getToken(): Promise<void> {
  try {
    const pushToken = await pushService.getToken();
    this.showDialog(pushToken)
  } catch (e) {
    const err: BusinessError = e;
    Logger.error('Failed to get push token: %{public}d %{public}s', err.code, err.
message);
  }
}
```

在首页单击"点击获取 Token"按钮，就会展示已获取的 Token，单击"复制 token"按钮将其保存下来。本书的 Token 为 MAM1LgQmjfgCfawAstSVRAAAA*******71XD5uCV1uf-V9Sh1，如

图 4-7 所示。

图 4-7　获取 Token

4.4　使用 AppGallery Connect 进行推送

开通推送服务后，登录 AppGallery Connect，打开"图书案例"项目，在左侧导航栏中选择"增长"->"推送服务"菜单命令，单击"添加推送通知"按钮，如图 4-8 所示。

图 4-8　添加推送通知

在添加推送通知页面中设置 Token，将 4.3 节获取的 Token 粘贴进去，然后填写消息内容，单击"提交"按钮，如图 4-9 所示。

图 4-9　设置 Token

打开手机通知栏，可以看到对应的消息，如图 4-10 所示。因为消息内容配置为单击后打开应用首页，所以在通知栏单击消息就会打开应用首页。

4.5　使用应用服务端进行推送

除了使用 AppGallery Connect 进行推送，还可以使用自有服务端的方式推送消息。为了确保消息推送的安全性和可靠性，华为推送服务（Push Kit）采用服务账号进行服务器端的身份认证。服务账号是一种用于服务器间接口调用的账号，它允许开发者安全地调用华为提供的 API，并将推送消息发送至用户设备。

4.5.1　创建服务账号密钥文件

要使用华为推送 API，首先需要在华为开发者联盟上创建并下载密钥文件。登录华为开发者联盟（https://***developer.huawei.com/consumer/cn/），在右上角单击"管理中心"按钮，如图 4-11 所示。

图 4-10　手机通知栏消息展示

图 4-11　管理中心

在左侧导航栏中单击"凭证"选项，找到"服务账号密钥"选项卡，然后单击"创建凭证"按钮，如图 4-12 所示。

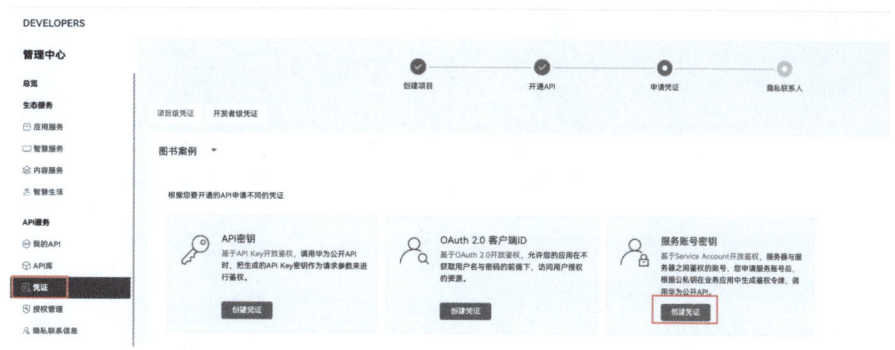

图 4-12　创建凭证页面

在"创建服务账号密钥"选项卡中输入"名称"和"描述"对应的内容，单击"生成公私钥"按钮，就可以生成支付公钥并自动填充，然后单击"创建并下载 JSON"按钮，如图 4-13 所示。

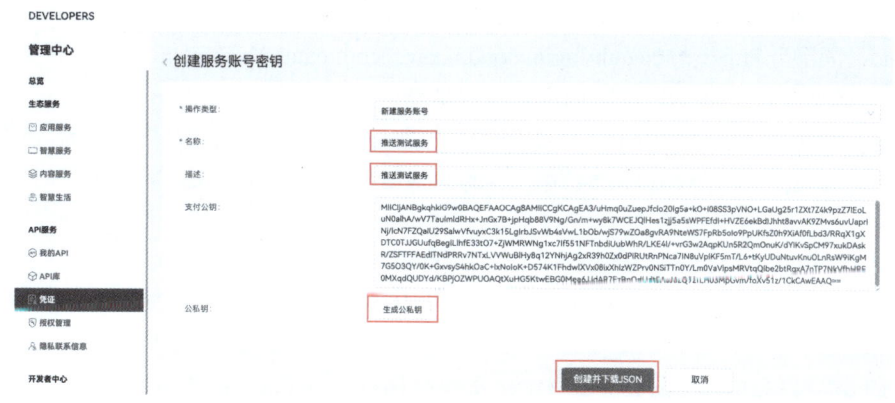

图 4-13　创建服务账号密钥

下载后，会得到一个服务账号密钥文件，扩展名为 .json。打开该文件后，需要注意 private_key 是 JWT（JSON Web Token）签名所需的私钥，必须妥善保管，切勿泄露。

```json
// 服务账号密钥文件
{
    "project_id": "4613***98429755287
",
    "key_id": "5e24c20f90***b7c8bf6**c1e1af1",
    "private_key": "-----BEGIN PRIVATE KEY-----\nMIIJQgIBADANBgkqhkiG9w0*****
b3CTcoXkQ==\n-----END PRIVATE KEY-----\n",
    "sub_account": "113**825",
    "auth_uri": "https://***oauth-login.cloud.huawei.com/oauth2/v3/authorize",
    "token_uri": "https://***oauth-login.cloud.huawei.com/oauth2/v3/token",
    "auth_provider_cert_uri": "https://***oauth-login.cloud.huawei.com/oauth2/v3/
certs",
    "client_cert_uri": "https://***oauth-login.cloud.huawei.com/oauth2/v3/
x509?client_id="
}
```

4.5.2 生成 JWT

华为推送服务要求用户使用 JWT 进行身份认证。JWT 是一种安全、高效的令牌格式，由以下 5 部分组成。

（1）Header。描述算法和令牌类型，对应的字段和说明如下。
- kid：key_id，即服务账号密钥文件中的 key_id。
- typ：固定为 JWT。
- alg：固定为 PS256。

（2）Payload。包含服务账号信息和有效时间，对应的字段和说明如下。
- iss：sub_account，即服务账号密钥文件中的 sub_account。
- aud：固定为 https://***oauth-login.cloud.huawei.com/oauth2/v3/token。
- iat：签发时间，即当前 UTC 时间，单位是秒。
- exp：过期时间，iat + 3600，说明 JWT 有效期是 1 小时，如果加的多，则有效期变长。

（3）Signature。将完成 BASE64 编码后的 Header 字符串与 Payload 字符串通过"."进行连接。

（4）计算方式。BASE64(Header) + "." + BASE64(Payload)。

（5）生成 JWT 签名。通过服务账号密钥文件中的 private_key，使用 SHA256withRSA/PSS 算法对 Signature 签名。

经过上述字段分析，根据服务账号密钥文件对 Header 和 Payload 进行组装。

```json
json
// Header
{
  "kid": "5e24c20f90***b7c8bf6**c1e1af1",
  "typ": "JWT",
  "alg": "PS256"
}

// Payload
{
  "aud": "https://***oauth-login.cloud.huawei.com/oauth2/v3/token",
  "iss": "113**825",
  "iat": 1742308132, // 当前时间戳（秒）
  "exp": 1742394532 // 一天后过期
}

// private_key
-----BEGIN PRIVATE KEY-----
MIIJQgncgA******HweanQw5x93B2Q+uxjdyfdjHhojVnTcptVmZSeUDQ0hGofE6oXkQ==
-----END PRIVATE KEY-----
```

4.5.3　调用 API

服务端调用 API 发送 Push 场景化消息，对应的 POST URL 格式为：

```
Plain Text
POST https://***push-api.cloud.huawei.com/v3/[projectId]/messages:send
```

其中，projectId 是服务账号密钥文件中的 project_id，最终请求的 URL 为：

```
Plain Text
POST https://***push-api.cloud.huawei.com/v3/4613231**29755287/messages:send
```

4.5.4　利用 Postman 发送 API 请求

Postman 是一个功能强大的 API 测试工具，它提供了一套直观的用户界面，帮助开发者快速构造 HTTP 请求、发送 API 调用，并查看响应结果。大家可以在 Postman 官网下载并安装 Postman，打开后如图 4-14 所示。

单击"Overview"旁边的"+"按钮，就会看到需要输入的请求信息，有 URL、Params、Authorization、Headers 和 Body 等，如图 4-15 所示。

输入请求 URL，如图 4-16 所示。

由于这个请求不需要 Params（参数），因此不需要输入。重点配置 Authorization（授权）。"Authorization"选项卡中框起来的地方都需要小心填写，如图 4-17 所示。下面是对每个参数的详细说明。

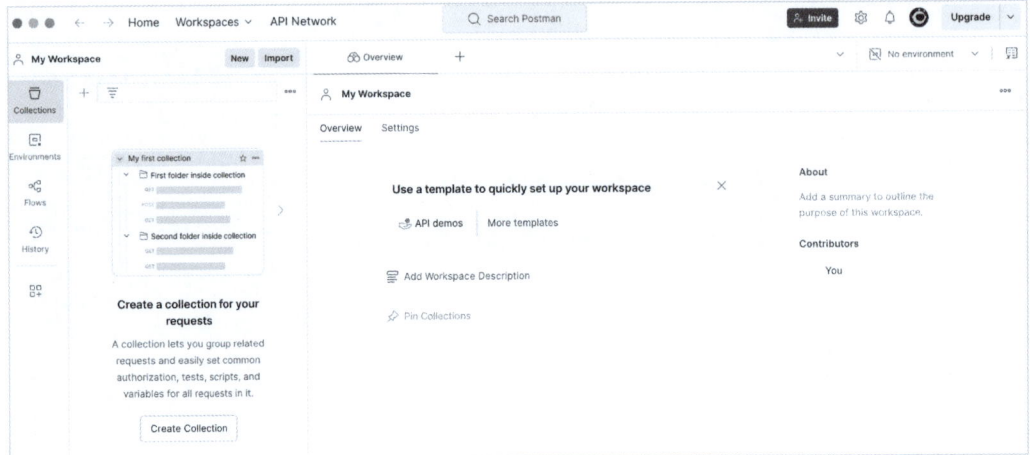

图 4-14　Postman 首页

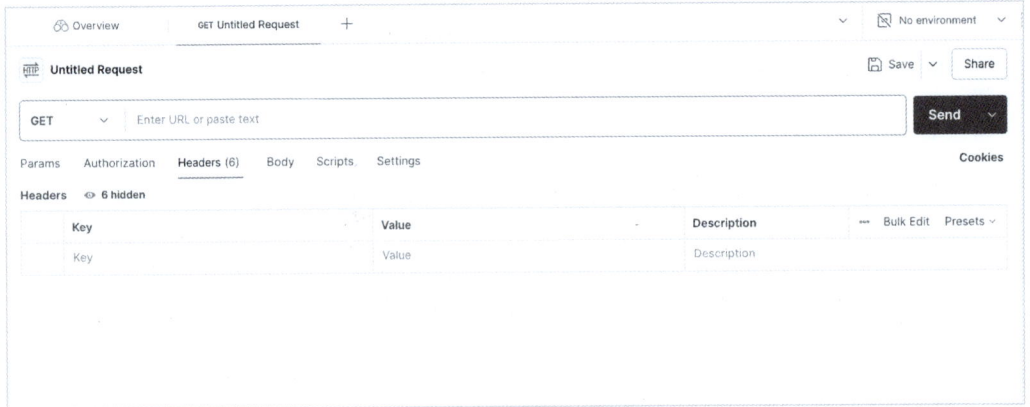

图 4-15　新建请求页面

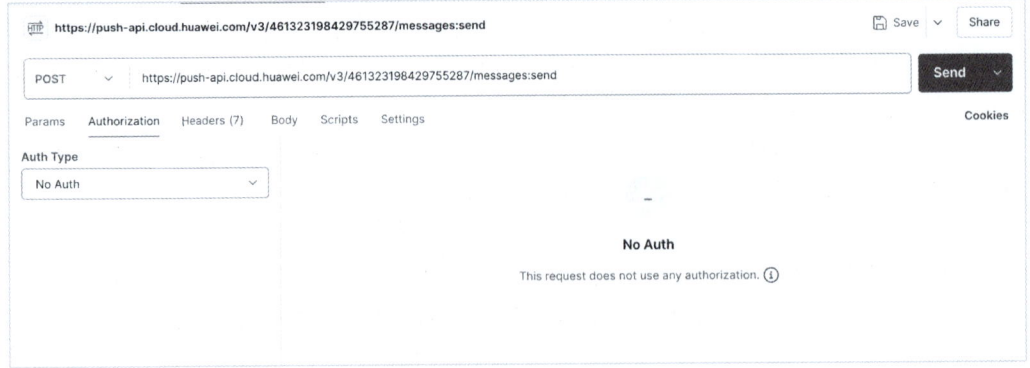

图 4-16　输入请求 URL

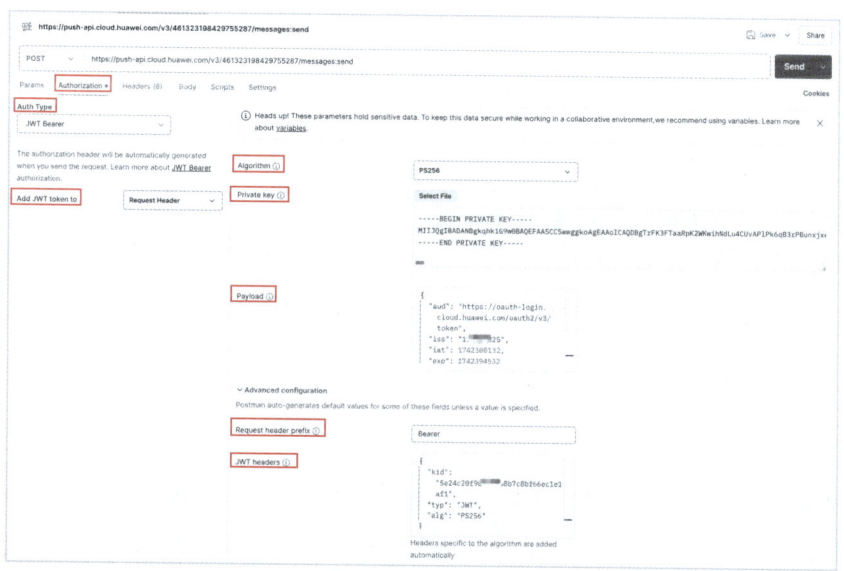

图 4-17　Authorization 配置页面

- Auth Type：选择 JWT Bearer。
- Add JWT token to：选择 Request Header。
- Algorithm：选择 PS256。
- Private key：输入 4.5.2 节获取的 private_key，注意 private_key 中有 \n，需要去掉。
- Payload：输入 4.5.2 节获取的 Payload。
- Request header prefix：选择 Bearer。
- JWT header：输入 4.5.2 节获取的 Header。

完成"Authorization"配置后，接下来配置"Headers"。如图 4-18 所示，Headers 的配置比较简单，只需配置两个参数。

- Content-Type: application/json。
- push-type: 0，0 代表 Alert 消息。

图 4-18　Headers 配置页面

接下来开始配置"Body"，Body 是消息体示例，本书发送的消息为：

```json
{
  "payload": {
    "notification": {
      "category": "MARKETING",  // 资讯营销类消息
      "title": "这是用 Postman 发送的消息 ",
      "body": " 使用 Postman 配置 URL、Authorization、Headers、Body 信息进行模拟推送 "
      "clickAction": {
        "actionType": 0  // 单击消息后触发的动作 , 0 表示单击后打开首页
      },
      "notifyId": 123456  // 消息 ID 可随意填写
    }
  },
  "target": {
    "token": ["MAM1LgQmj*****p71XD5uCV1uf-V9Sh1"]  // 4.3.5 节获取的 Push Token
  },
  "pushOptions": {
    "testMessage": true
  }
}
```

在"Body"选项卡中选择"raw"单选钮，输入实际的消息体，如图 4-19 所示。

图 4-19   Body 配置页面

最后，单击右上角的"Send"按钮，在控制台中可以看到发送成功，如图 4-20 所示。

Postman 模拟请求成功，再看手机通知栏，已经可以看到对应的消息了，如图 4-21 所示。

```
https://push-api.cloud.huawei.com/v3/461323198429755287/messages:send                                   Save   Share

POST    ∨    https://push-api.cloud.huawei.com/v3/461323198429755287/messages:send                       Send   ∨

Params   Authorization ●   Headers (11)   Body ●   Scripts   Settings                                    Cookies

○ none  ○ form-data  ○ x-www-form-urlencoded  ○ raw  ○ binary  ○ GraphQL   JSON  ∨                       Beautify

 1   {
 2     "payload": {
 3       "notification": {
 4         "category": "MARKETING",
 5         "title": "这是用Postman发送的消息",
 6         "body": "使用Postman配置url、Authorization、Header、Body信息进行模拟推送",
 7         "clickAction": {
 8           "actionType": 0
 9         },
10         "notifyId": 123456
11       }
12     },
13     "target": {
14       "token": ["MAM1LgQmjfgCfawAstSVRAAAAGQAAAAAAMuBYUUI9phhPpvNISIXGGghZad1Rx0uzoffkouX9jODSCDFRG3ybtfj_Y4hop71XD5uCV1uf-V9Sh1"]
15     },
16     "pushOptions": {
17       "testMessage": true
18     }
19   }

Body  Cookies  Headers (8)  Test Results                                          200 OK   117 ms   314 B

{} JSON ∨   ▷ Preview   ⌘ Visualize  ∨

 1   {
 2     "code": "80000000",
 3     "msg": "Success",
 4     "requestId": "174230995406740214052301"
 5   }
```

图 4-20　发送成功页面

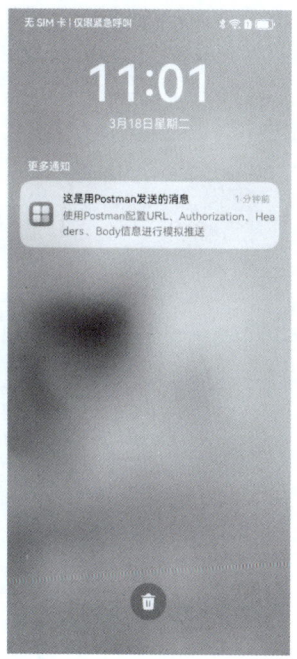

图 4-21　Postman 消息展示

4.6　单击消息

用户单击消息后，除了能够启动应用首页，更重要的是能将消息中携带的数据正确地传递给应用，并根据这些数据跳转到指定页面或执行相应的操作。不同的跳转方式需要在 module.json5 中通过 skills 标签进行精确配置，以匹配推送中传入的 action 或 URI。

4.6.1　跳转首页

对于跳转首页时 skill 的配置，当下发消息时，如果 actionType=0，则默认为 action='action.system.home'，该类消息就会跳转到首页，在应用中的 MainAbility 就是应用首页。配置如下。

```json
"abilities": [
  {
    "name": "MainAbility",
    "srcEntry": "./ets/abilities/MainAbility.ets",
    "skills": [
      {
        "entities": [
          "entity.system.home" // 声明这是 "应用首页"
        ],
        "actions": [
          "action.system.home", // 首页默认为 action
          "action.ohos.push.listener" // 推送服务的标准 action，用于接收华为推送的数据
        ]
      }
    ]
  }
]
```

对于消息的 Body 配置和消息样式，该条消息被单击后会打开 MainAbility，即应用的首页，如图 4-22 所示。

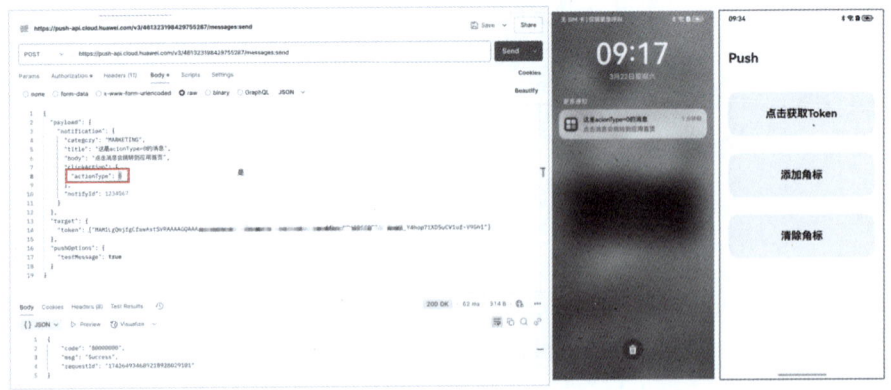

图 4-22　跳转到首页消息

4.6.2　跳转其他落地页

当跳转到其他落地页时，需要在对应的 Ability 里配置 skills。在本书的示例中，对应的落地页为 ClickActionAbility，配置了两种打开方式，一种是配置 actions，一种是配置 uris，如下所示。

```json
"abilities": [
  {
    "name": "ClickActionAbility",
    "srcEntry": "./ets/abilities/ClickActionAbility.ets",
    "skills": [
      {
        // 当推送里设置 action=com.pushtest.action 时，就会跳转到 ClickActionAbility
        "actions": ["com.pushtest.action"]
      },
      {
        "actions": [""],
        // 当推送里设置了 uri = https://***www.bookcode.com:8080/push/test
        // 也会跳转到 ClickActionAbility
        "uris": [
          {
            "scheme": "https",
            "host": "www.bookcode.com",
            "port": "8080",
            "path": "push/test"
          }
        ]

      }
    ]
  }
]
```

先来看消息的 Body 配置 action=com.pushtest.action。该条消息被单击后，会打开 ClickActionAbility，即消息落地页，如图 4-23 所示。

再来看消息的 Body 配置 uri=https://***www.bookcode.com:8080/push/test，该条消息被单击后也会打开 ClickActionAbility，如图 4-24 所示。

可以看到，在配置消息的同时还配置了 data 信息，data 信息里有 infoID 和 infoTitle，下面分析落地页是如何解析的。在 ClickActionAbility 中将 Want 存入 localStorage，在对应的 ClickActionInnerPage 中，通过 LocalStorage 获取 Want 后，采用 want.parameters['infoID'] 获取配置的 data 信息。核心代码如下。

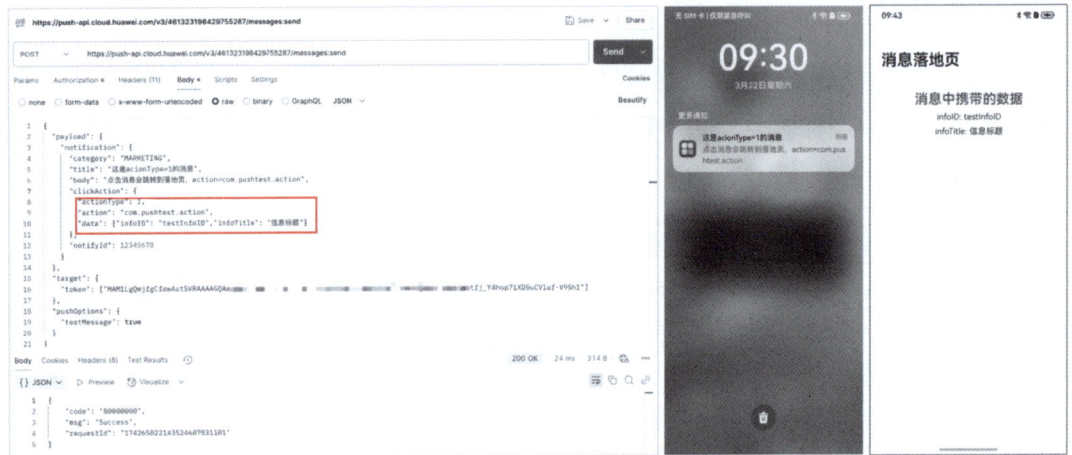

图 4-23   通过配置 action 跳转到消息落地页

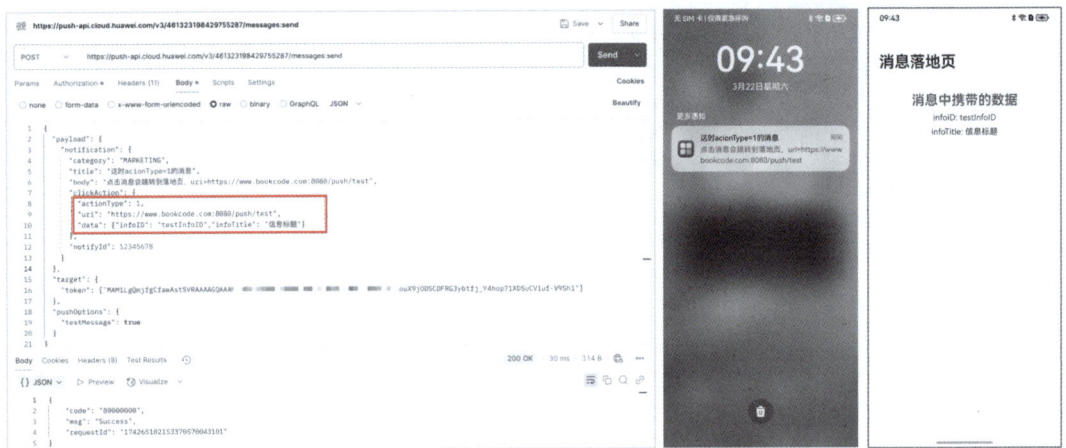

图 4-24   通过配置 uri 跳转到消息落地页

```typescript
export default class ClickActionAbility extends UIAbility {
  private localStorage = new LocalStorage();

  onCreate(want: Want): void {
    this.localStorage.setOrCreate('want', want);
  }

  onNewWant(want: Want): void {
    this.localStorage.setOrCreate('want', want);
```

```
  }

  onWindowStageCreate(windowStage: window.WindowStage): void {
    windowStage.loadContent('pages/ClickActionInnerPage', this.localStorage);
  }
}

struct ClickActionInnerPage {
  @LocalStorageLink('want') want: Want = {};
  build() {
    Column() {
      if (this.want.parameters) {
        Text('infoID: ${this.want.parameters['infoID']}')
        Text('infoTitle: ${this.want.parameters['infoTitle']}')

      }

    }
  }
}
```

4.7　本章小结

本章围绕消息推送功能，系统地介绍了消息从服务端构造与发送，再到客户端接收与跳转的完整流程，帮助开发者实现稳定、灵活、高效的推送机制。首先，介绍了华为推送服务的认证机制、通过服务账号密钥生成 JWT 鉴权令牌的方法。然后，使用 Postman 等工具模拟推送接口调用。最后，结合 module.json5 中 skills 标签的配置，详细介绍了单击消息后跳转到首页或落地页并携带参数的实现方法。

习　　题

4.1　请简述在 HarmonyOS 中，服务端如何生成用于推送消息的 JWT 鉴权令牌。

答案提示：服务端通过服务账号密钥文件中的字段构造 JWT，步骤如下。

- 使用 key_id 构造 JWT Header（含 "alg"："PS256"）。
- 使用 sub_account 构造 Payload，设置 iss、iat、exp（iat + 3600）。
- 将 Header 与 Payload 进行 Base64 编码并拼接。
- 使用 private_key 通过 SHA256withRSA/PSS 签名，生成 Signature。
- 最终格式为 Base64(header).Base64(payload).signature。
- 将 JWT 作为 Authorization: Bearer <token> 放入推送请求头中。

4.2　系统在什么场景下会调用 onCreate()，在什么场景下会调用 onNewWant() 来处理通知单击？

答案提示：当用户单击通知时，如果应用尚未启动，则系统会创建新的进程并调用 onCreate()；如果应用已在运行（进程已存在），则不会重新创建实例，而是调用当前 Ability 实例的 onNewWant()；onNewWant() 仅在该 Ability 采用 singleton 模式时生效。

4.3 单击通知跳转到首页与跳转到消息落地页，在 module.json5 中的配置有何不同？

跳转到首页需要在首页对应的 Ability（如 MainAbility）的 skills 中进行配置。

```typescript
{
  "entities": ["entity.system.home"],
  "actions": ["action.system.home"]
}
```

而跳转到消息落地页需要在目标页面的 Ability 中配置。如果是按照 action 跳转，则配置为：

```typescript
{
  "actions": ["com.xxx.action"]
}
```

如果是按 uri 跳转，则配置为：

```json
{
  "uris": [{ "scheme": "https", "host": "xxx.com", "path": "push/xxx" }]
}
```

第 5 章

页面跳转与功能调度机制

5.1 常见的跳转

在开发移动应用的过程中，跳转是一种常见需求。无论是应用内部页面之间的跳转，还是从一个应用跳转到其他应用，几乎每个开发者都会遇到类似的问题。如果具备移动端开发的经验，那么可能首先会想到使用导航（Navigation）实现应用内部页面跳转，使用 URL Scheme、DeepLink 和 UniversalLink 实现应用之间的跳转。那么，在 HarmonyOS 生态中，这些跳转机制又是如何实现的？是否有不同于 Android 和 iOS 的方式？本章将对跳转进行集中介绍，涵盖应用内部页面跳转和应用间跳转，同时结合 App Linking 进行更深入的探索。

5.2 应用内部页面跳转

在 HarmonyOS 中有多种跳转方式，例如通过组件导航（Navigation）和页面路由（Router）实现，但是 Navigation 比 Router 在以下几个方面更有优势。

1. 更灵活的页面栈管理

提供 removeByIndexes（移除指定页面）、moveToTop（将某个页面置顶）、moveIndexToTop（调整页面栈顺序）等功能，使页面栈管理更加直观和高效。

2. 更丰富的转场动画

- 支持共享元素动画，可以在切换页面时保持界面元素平滑过渡，提供更自然的用户体验。

- 支持沉浸式体验，允许开发者创建无缝的 UI 过渡效果，如全屏模式或无导航栏模式。
- 支持模态嵌套路由，可以更灵活地管理页面弹出逻辑。
- 支持转场动画的全局 / 单次屏蔽，以及自定义转场动画，让页面跳转更加灵活。

3. 更强的 UI 适配功能

- 支持 Auto 模式，可以根据设备类型（如平板、折叠屏）智能调整布局，适配不同的屏幕形态。
- 支持自定义配置标题栏（Titlebar）和工具栏（Toolbar），方便在不同的页面上提供一致的 UI 交互体验。

因此，在 HarmonyOS 纯血应用开发中，更推荐使用 Navigation 进行页面跳转，而不是 Router，前者不仅提供了更好的用户体验，还让页面管理更加便捷和高效。本节将重点介绍使用 Navigation 实现 HarmonyOS 应用内部页面跳转的方法。

5.2.1　Navigation 的使用

如图 5-1 所示，对于 Navigation 的控制流程，在根页面中，当用户单击其中的"跳转到 A 页面"按钮时，A 页面就会滑入屏幕，当用户继续单击 A 页面上的"跳转到 B 页面"按钮时，B 页面就会滑入屏幕。相应地，在对象管理上，Navigation 使用了导航堆栈（NavigationStack），根页面在堆栈底层，相继入栈的是 A 页面和 B 页面，调用 pushPathByName 方法可以将页面推入栈顶，调用 pop 方法可以回到上一级页面。

图 5-1　根页面中的 A 页面和 B 页面

下面通过代码查看跳转的实现过程。

首先，在首页创建一个根页面，上面有两个按钮，单击之后可以分别跳转到 A 页面和 B 页面。

```typescript
@Entry
@Component
struct NavigationExample {
  pageStack: NavPathStack =
 new NavPathStack();

  build() {
    Navigation(this.pageStack) {
      Column({ space: 12 }) {
        Button($r('app.string.entry_pageA'), { stateEffect: true, type: ButtonType.Capsule })
          .width($r('app.string.button_width'))
          .height($r('app.string.button_height')).onClick(() => {
            // 使用 pushPathByName 跳转到 A 页面
            this.pageStack.pushPathByName('PageA', null);
          })
        Button($r('app.string.entry_pageB'), { stateEffect: true, type: ButtonType.Capsule })
          .width($r('app.string.button_width'))
          .height($r('app.string.button_height')).onClick(() => {
            // 使用 pushPathByName 跳转到 B 页面
            this.pageStack.pushPathByName('PageB', null);
          })
      }
      .width($r('app.string.navDestination_width'))
      .height($r('app.string.navDestination_height'))
      .justifyContent(FlexAlign.Center)
      .padding({
        bottom: $r('app.string.column_padding'),
        left: $r('app.string.column_padding'),
        right: $r('app.string.column_padding')
      })
    }
    .title($r('app.string.entry_index_title'))
  }
}
```

这里使用的跳转方法是 pushPathByName()，需要传入页面 Name。注意，需要对传入的 Name 进行配置，既可以使用代码配置，也可以使用文件配置。建议使用文件配置，下面重点介绍其配置方法。

必须手动添加配置系统路由表文件 src/main/resources/base/profile/router_map.json。

```json
// router_map.json 文件
{
  "routerMap": [
    {
      "name": "PageA", // name 必须匹配
      "pageSourceFile": "src/main/ets/pages/EntryPageA.ets",
      "buildFunction": "PageABuilder",
      "data": {
        "description" : "LocalStorage example"
      }
    },
    {
      "name": "PageB",
      "pageSourceFile": "src/main/ets/pages/EntryPageB.ets",
      "buildFunction": "PageBBuilder",
      "data": {
        "description" : "LocalStorage example"
      }
    }
  ]
}
```

在 module.json5 中手动添加 "routerMap": "$profile:router_map"。

```bash
// 在 module.json5 中添加 routerMap 配置
{
  "module": {
    "name": "entry",
    "type": "entry",
    "description": "$string:module_desc",
    "mainElement": "EntryAbility",
    "deviceTypes": [
      "phone"
    ],
    ...
    "routerMap": "$profile:router_map",
    ...
  }
}
```

然后，实现 A 页面的跳转。A 页面有两个按钮，单击之后分别可以清理页面及跳转到 B

页面，通过代码可以看出，在 A 页面中使用了 NavDestination。NavDestination 是 Navigation 子页面的根容器，用于承载子页面中的一些特殊属性及生命周期等。NavDestination 可以设置独立的标题栏和菜单栏等属性，使用方法与 Navigation 相同。

```bash
@Builder
export function PageABuilder(name: string, param: Object) {
  PageA()
}

export struct PageA {
  pageInfos: NavPathStack =
 new NavPathStack();

  build() {
    NavDestination() {
      Column({ space: COLUMN_SPACE }) {
        Button($r('app.string.entry_index'), { stateEffect: true, type: ButtonType.
Capsule })
          .width($r('app.string.button_width'))
          .height($r('app.string.button_height'))
          .onClick(() => {
            // 使用 clear() 清除堆栈中的所有页面，清理完毕后直接回到根页面
            this.pageInfos.clear();
          })
        Button($r('app.string.entry_pageB'), { stateEffect: true, type: ButtonType.
Capsule })
          .width($r('app.string.button_width'))
          .height($r('app.string.button_height'))
          .onClick(() => {
            // 使用 pushPathByName 回到 C 页面
            this.pageInfos.pushPathByName('PageB', null);
          })
      }
      .width($r('app.string.navDestination_width'))
      .height($r('app.string.navDestination_height'))
      .justifyContent(FlexAlign.Center)
      .padding({
        bottom: $r('app.string.column_padding'),
        left: $r('app.string.column_padding'),
        right: $r('app.string.column_padding')
      })
    }
    .title('A 页面 ')
    .onReady((context: NavDestinationContext) => {
      this.pageInfos = context.pathStack;
```

```typescript
    })
  }
}
```

最后，实现 B 页面的跳转。B 页面里只有一个按钮，单击之后就可以回到上一级页面。如果上一级页面是根页面，则返回根页面；如果上一级页面是 A 页面，则返回 A 页面。

```typescript
export function PageBBuilder(name: string, param: Object) {
  PageB()
}


const COLUMN_SPACE: number = 12;


@Component
export struct PageB {
  pageInfos: NavPathStack =
 new NavPathStack();

  build() {
    NavDestination() {
      Column({ space: COLUMN_SPACE }) {
        Button($r('app.string.entry_pop'), { stateEffect: true, type: ButtonType.
Capsule })
          .width($r('app.string.button_width'))
          .height($r('app.string.button_height'))
          .onClick(() => {
            // 回到上一级页面
            this.pageInfos.pop();
          })
      }
      .width($r('app.string.navDestination_width'))
      .height($r('app.string.navDestination_height'))
      .justifyContent(FlexAlign.Center)
      .padding({
        bottom: $r('app.string.column_padding'),
        left: $r('app.string.column_padding'),
        right: $r('app.string.column_padding')
      })
    }
    .title('B 页面 ')
    .onReady((context: NavDestinationContext) => {
      this.pageInfos = context.pathStack;
    })
  }
}
```

5.2.2　自定义组件中的导航跳转实践

在实际开发中，通常会将一些通用的 UI 逻辑封装成自定义组件，以方便复用，如图 5-2 所示。如果希望在自定义组件内部发起页面跳转，那么需要特别注意导航上下文的获取方式。ArkUI 提供了两种方式来获取页面导航栈。

- queryNavigationInfo()：主动查找组件当前所属的 Navigation 信息，推荐使用该方式。
- NavDestination.onReady()：在页面级组件中使用该方式是安全的，但在子组件中使用时常常会获取不到预期的导航栈，导致跳转失败。

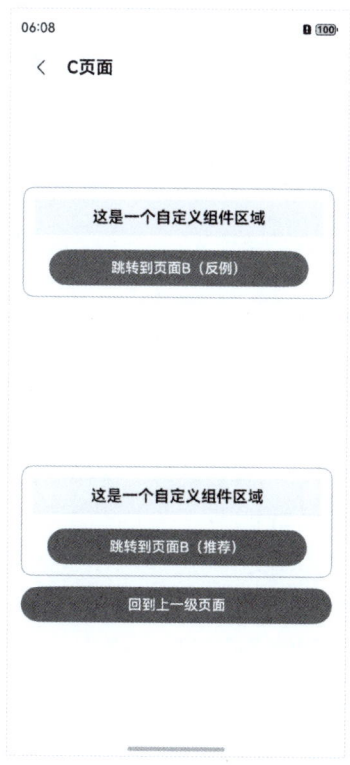

图 5-2　自定义组件

常见错误写法：下面的反例展示了在自定义组件中，试图通过 NavDestination.onReady() 获取导航栈，然后进行跳转。实际上，这种写法在组件内部是无效的，因为外部的 NavDestination 不会将 Navigation 的上下文传递给子组件的 onReady。核心代码如下。

```typescript
@Component
struct PagecWrongCustomComponent {
  @State message: string = '这是一个自定义组件区域'
```

```
// 错误写法：无法跳转
wrongPageStack: NavPathStack = new NavPathStack();

build() {
  // 不推荐：在子组件中使用 NavDestination.onReady 获取导航上下文
  NavDestination() {
    this.body()
  }.onReady((context: NavDestinationContext) => {
    this.wrongPageStack = context.pathStack;
  })
}

@Builder
body() {
  Column({ space: 8 }) {
    Text(this.message)
    Button(' 跳转到页面 B（反例）', { type: ButtonType.Capsule, stateEffect: true })
      .width('90%')
      .onClick(() => {
        // 此处的 pageStack 实际并未与 Navigation 绑定，导致跳转无效
        this.wrongPageStack.pushPathByName('PageB', null);
      })
  }
}
}
```

推荐写法：在组件内部通过 queryNavigationInfo() 主动查找最近的 Navigation 上下文，进而获取对应的 NavPathStack 实例并进行页面跳转。这样不依赖父组件传参，也不需要额外注册，使用起来灵活、稳定。核心代码如下。

```typescript
@Component
struct PagecCorrectCustomComponent {
  @State message: string = '这是一个自定义组件区域'
  pageInfos: NavPathStack = new NavPathStack();

  build() {
    this.body()
  }

  @Builder
  body() {
    Column({ space: 8 }) {
      Text(this.message)
      Button(' 跳转到页面 B（推荐）', { type: ButtonType.Capsule, stateEffect: true })
        .width('90%')
        .onClick(() => {
          // 推荐：使用 queryNavigationInfo() 主动获取导航上下文
```

```
        let navigationInfo: uiObserver.NavigationInfo | undefined = this.
queryNavigationInfo()
        if (navigationInfo !== undefined) {
          this.pageInfos = navigationInfo.pathStack
          this.pageInfos.pushPathByName('PageB', null);
        } else {
          console.error(' 未找到 Navigation 上下文，无法跳转 ');
        }
      })
    }
  }
}
```

对上述场景进行总结：

- 页面组件（以 NavDestination 为根节点）：推荐使用 NavDestination.onReady() 方式，因为上下文明确，跳转安全有效。
- 自定义组件中跳转页面：推荐使用 queryNavigationInfo() 方式，因为可以主动获取最近的导航上下文，避免上下文缺失。

如果希望组件更加灵活、可复用，那么推荐在组件内部统一使用 queryNavigationInfo() 处理页面跳转逻辑，确保在不同的页面或父组件下都能稳定地运行。

5.2.3　Navigation 常用 API

上述代码简单展示了使用 NavPathStack 进行页面之间的跳转和返回等操作的方法，HarmonyOS 提供了丰富的 API 以供使用，如表 5-1 所示。

表 5-1　API 说明

操　　作	API	API 示例
页面跳转	pushPath pushPathByName	this.pageStack.pushPath({ name: "pageB", param: "pageB Param" }) this.pageStack.pushPathByName('pageB', 'pageB Param')
页面返回	pop popToName popToIndex clear	this.pageStack.pop(); this.pageStack.popToName("pageB") this.pageStack.popToIndex(1) this.pageStack.clear()
页面替换	replacePath replacePathByName	this.pageStack.replacePath({ name: "pageB", param: "pageB Param" }) this.pageStack.replacePathByName("pageB", "pageB Param")
页面删除	removeByName removeByIndexes removeByNavDestinationId	this.pageStack.removeByName("pageB") this.pageStack.removeByIndexes([1]) this.pageStack.removeByNavDestinationId("1")
移动页面	moveToTop moveIndexToTop	this.pageStack.moveToTop("pageB") this.pageStack.moveIndexToTop(1)

5.2.4　Navigation 生命周期

在 HarmonyOS 中，Navigation 作为路由容器，其生命周期是由 NavDestination 组件管理，并以组件事件的形式开放的。Navigation 组件的生命周期大致可以分为三类，执行时序如表 5-2 所示。

- 自定义组件生命周期（aboutToAppear、aboutToDisappear）。
- 通用组件生命周期（onAppear、onDisappear）。
- NavDestination 独有生命周期（onWillAppear、onWillShow、onShown、onWillHide、onHidden、onWillDisappear）。

表 5-2　Navigation 组件的执行时序

生命周期	触发时机	描　　述
aboutToAppear	自定义组件创建后，在执行 build() 之前	自定义组件生命周期，允许更改状态变量，从而影响后续 build() 操作
onWillAppear	NavDestination 创建后，挂载到组件树前	允许更改状态变量，直到当前帧生效
onAppear	NavDestination 挂载到组件树时	通用生命周期事件，页面正式可见
onWillShow	NavDestination 组件布局显示前	页面仍不可见（应用切前台不会触发）
onShown	NavDestination 组件布局显示后	页面完全渲染完毕
onWillHide	NavDestination 即将隐藏	非栈顶页面 push 进栈 / 栈顶 pop 出栈时触发（切后台不触发）
onHidden	NavDestination 隐藏完成	页面已从用户视图中消失
onWillDisappear	NavDestination 即将销毁前	如果有动画，则动画前会触发
onDisappear	NavDestination 组件从组件树中卸载时	通用生命周期事件
aboutToDisappear	自定义组件销毁前	不允许更改状态变量

- 当页面首次加载时，生命周期会依次触发 aboutToAppear → onWillAppear → onAppear → onWillShow → onShown。
- 当页面被 push 新页面覆盖时，生命周期会依次触发 onWillHide → onHidden。
- 当页面被 pop 出栈销毁时，生命周期会依次触发 onWillDisappear → onDisappear → aboutToDisappear。

下面结合一些实际应用场景来演示如何在 NavDestination 的生命周期中实现不同的功能。

5.2.5　生命周期应用

在页面跳转后，通常需要先从网络 / 本地数据库中获取数据，并在页面显示前完成渲染。

可以在 onWillAppear() 中执行数据拉取，确保数据在页面渲染时已准备就绪。再在 onAppear() 时更新 UI。在页面即将显示时请求数据，避免 UI 加载时出现空白状态，提升用户体验。代码如下。

```typescript
@Component
struct ProductDetail {
  productData: { name: string, price: number } = { name: "", price: 0 };

  // 创建页面后，需要加载数据
  onWillAppear() {
    fetch("https://***api.example.com/product/123")
      .then(response => response.json())
      .then(data => {
        this.productData = data;
      });
  }

  build() {
    Column() {
      Text("商品名称: " + this.productData.name).fontSize(20);
      Text("价格: " + this.productData.price + " 元 ").fontSize(18);
    }
  }
}
```

在表单页面中，用户填写了一部分信息但未提交，返回时希望自动保存草稿，避免数据丢失。可以在 onWillDisappear() 事件中存储用户输入的数据，当用户重新进入时，会自动加载之前的输入。最终的呈现是，用户离开页面时数据信息被自动存储，当用户下次进入页面时，数据会自动填充，从而提供更好的用户体验。代码如下。

```typescript
@Component
struct UserForm {
  name: string = "";
  email: string = "";

  // 加载缓存数据
  onWillAppear() {
    let savedData = JSON.parse(localStorage.getItem("formData") || "{}");
    this.name = savedData.name || "";
    this.email = savedData.email || "";
  }

  // 退出页面时保存数据
  onWillDisappear() {
```

```
      localStorage.setItem("formData", JSON.stringify({ name: this.name, email:
 this.email }));
    }

  build() {
    Column() {
      TextInput({ text: this.name, placeholder: "请输入姓名 ", onChange: (value) =>
 this.name = value });
      TextInput({ text: this.email, placeholder: "请输入邮箱 ", onChange: (value) =>
 this.email = value });
    }
  }
}
```

在跳转到某些页面时，需要检查用户是否已登录，如果未登录，则跳转到登录页。可以在 setInterception() 的 willShow 回调中拦截跳转，检查用户是否已登录，如果未登录，则取消跳转并跳转到登录页面。代码如下。

```typescript
this.pageStack.setInterception({
  willShow: (from, to, operation, animated) => {
    let target = to as NavDestinationContext;

    // 拦截并跳转到 "ProfilePage"
    if (target.pathInfo.name === "ProfilePage" && !userIsLoggedIn()) {
      console.log(" 用户未登录，重定向到登录页 ");
      target.pathStack.pop();
      target.pathStack.pushPathByName("LoginPage");
    }
  }
});

function userIsLoggedIn(): boolean {
  return localStorage.getItem("userToken") !== null;
}
```

5.3　应用间跳转

在移动应用生态中，应用跳转指的是从一个应用跳转到另一个应用，并可以传递数据执行特定功能，这已成为提升用户体验和应用协同的关键技术。例如，可以通过单击社交软件中的淘宝商品链接直接跳转至淘宝 App，或者在 Web 页面中单击邮件地址自动打开邮件客户端。这些跨应用交互不仅让用户的操作更流畅，也让应用之间可以更好地协作。然而，传统应用间跳转存在安全隐患、跳转失败、缺乏智能推荐等问题。HarmonyOS 在应用间跳转中引入了多个安全机制和分布式功能，确保应用可以安全、便捷、智能地互联。本节将详细介绍 HarmonyOS

应用间跳转的核心技术和应用场景。

5.3.1　拉起指定应用

拉起方（A 应用）可以指定目标应用（B 应用），然后直接跳转到 B 应用的某个页面。HarmonyOS 目前支持以下两种方式。

- 指定应用链接（App Linking）：使用 openLink() 或 startAbility() 接口指定目标应用的 URL Scheme 或 Deep Link 进行跳转。该方式可以提供更顺畅的用户体验，并且支持在目标应用未安装时自动跳转 Web 中间页。
- 指定 Ability（显式 Want 方式）：使用 startAbility() 直接拉起目标应用的 Ability 页面。由于在 API12 版本之后，官方不再推荐使用该种跳转方式，而是建议改用指定应用链接方式，因此下面重点介绍指定应用链接方式。

应用链接是一种 URL 形式的跳转方式，可以将用户引导到目标应用的指定页面。如果目标应用尚未安装，那么它可以自动跳转到 Web 页面。URL 格式为 scheme://***host[:port]/path，其中又有两种链接方式，分别是 App Linking 和 Deep Linking，通过表 5-3 的对比，可以看出 App Linking 在安全性及用户体验上更好，所以推荐使用 App Linking。

表 5-3　URL 链接方式的多维度对比

类　　型	App Linking	Deep Linking
实现方案	目标应用必须声明应用链接，并注册域名进行认证	目标应用仅需在 module.json5 中声明链接
链接格式	必须为 https://	可以使用自定义 scheme（如 myapp://）
链接示例	https://myapp.com/open/home	myapp://open/home
安全性	高（有域名校验）	低（容易被仿冒）
适用场景	可用于分享与网页访问	仅可在代码中调用
未安装应用时的行为	自动跳转到 Web 页面	如果跳转失败，则需要手动处理

App Linking 相比 Deep Linking 增加了域名校验机制，以确保链接归属的合法性，使跳转更加安全可靠，其核心工作机制如下。

- 目标应用在 AppGallery Connect 开通 App Linking 服务，并在开发者网站上关联应用。开发者可以登录 AppGallery Connect，进入"我的项目"，在"项目设置"选项卡中选择"增长"->"App Linking"菜单命令。在"App Linking"页面中，选择"应用链接（API >= 12 适用）"选项，单击"创建"按钮，并输入名称和关联的网址域名（如 https://***www.example.com）。单击"发布"按钮，系统将自动校验域名配置。
- 系统根据 HTTPS 网址校验归属应用，确保该网址仅能拉起合法的 App。开发者可以在自己的服务器上托管 applinking.json 文件，用于验证 App 归属。文件路径类似于

https://***www.example.com/.well-known/applinking.json，要确保 applinking.json 能被公网访问，否则将无法校验。applinking.json 示例如下。

```typescript
{
 "applinking": {
   "apps": [
     {
       "appIdentifier": "1234567" // 应用的 AppID

     }

   ]
 }
}
```

还需要在应用中配置 module.json5，在其中声明 App Linking 网址，并启用域名校验。示例如下。

```typescript
{
  "module": {
    "abilities": [
      {
        "name": "EntryAbility",
        "exported": true,
        "skills": [
          {
            "entities": ["entity.system.browsable"],
            "actions": ["ohos.want.action.viewData"],
            "uris": [
              {
                "scheme": "https", // 必须使用 https，不支持 http
                "host": "www.example.com",
                "path": "open"
              }
            ],
            "domainVerify": true //true 表示启用域名校验，确保安全性
          }
        ]

      }
    ]
  }
}
```

• 使用 openLink() 拉起 App Linking URL，示例如下。

```typescript
import { common } from '@kit.AbilityKit';
```

```
import { BusinessError } from '@kit.BasicServicesKit';

@Entry
@Component
struct AppLinkExample {
  build() {
    Button(" 跳转目标应用 ")
      .onClick(() => {
        let targetLink = "https://***www.example.com/open?action=showall";
        (getContext() as common.UIAbilityContext).openLink(targetLink,
{ appLinkingOnly: true })
          .then(() => console.info(" 跳转成功 "))
          .catch((error: BusinessError) => console.error(" 跳转失败 ", error));
      })
  }
}
```

可以看到，有一个参数为 appLinkingOnly，如果 appLinkingOnly=true，则表示仅以 App Linking 的方式打开应用。如果有匹配的应用，则直接打开；如果没有匹配的应用，则抛出异常，让开发者处理。如果 appLinkingOnly=false，则表示以 App Linking 优先的方式打开应用。如果有匹配的应用，则可以直接打开；如果没有匹配的应用，则尝试以浏览器打开链接的方式打开应用。

5.3.2　拉起指定类型应用

拉起指定类型应用是指调用方（应用 A）不指定具体的目标应用（应用 B），而是通过业务类型匹配可用的应用。这种方式可以让用户自由地选择适合的应用来完成任务，而不局限于某个特定的 App。常见的方式有拉起导航类的应用、拉起邮件类的应用，其核心实现方式就是调用 startAbilityByType() 传入 type 和 wantParams.sceneType，让系统弹出选择面板。用户可以从列表中选择合适的 App，并执行相应的操作（如导航、转账、发送邮件等）。以邮件场景为例，用户在单击邮箱地址时，可以使用 mailto 方式打开电子邮件类应用，选择对应的邮件应用后，还可以自动填充收件人信息、主题和正文，用户只需单击"发送"按钮即可。案例代码实现如下。

```
typescript
import { common } from '@kit.AbilityKit';

@Entry
@Component
struct Index {
  build() {
    Button(" 发送邮件 ")
      .onClick(() => {
```

```
    // 收件人地址: example@example.com
    // 主题: Hello
    // 邮件正文: This is a test email.
      let mailtoLink = "mailto:example@example.com?subject=Hello&body=This is a
test email.";
      (getContext() as common.UIAbilityContext).openLink(mailtoLink)
        .then(() => {
          console.log(" 邮件应用打开成功 ");
        }).catch((err) => {
          console.error(" 邮件应用打开失败 ", err);
        });
    })
  }
}
```

5.3.3　拉起系统应用

在日常开发过程中，经常需要打开系统文件、相册和联系人等，或者需要打开系统设置页面、电话和日历等，这些都属于拉起系统应用。HarmonyOS 提供了两种拉起系统应用的方式，分别是使用系统 Picker 组件和调用特定 API 直接跳转系统应用。

HarmonyOS 提供了很多种系统 Picker 组件，当需要访问用户的资源文件时，例如照片、联系人和文档等，就可以使用这些组件，让用户自主选择数据，整个过程不需要申请系统权限。常见的 Pick 组件和功能如表 5-4 所示。

表 5-4　常见的 Pick 组件和功能

Picker 组件	功　　能
DocumentViewPicker	选择 / 保存文档（PDF、TXT 等）
AudioViewPicker	选择 / 保存音频文件
PhotoViewPicker	选择 / 保存照片或视频
Contacts Picker	选择联系人
Camera Picker	拍照、录像
Scan Picker	扫码

以拉起系统相机为例，核心代码如下。

```typescript
@Entry
@Component
struct ImagePickerPage {
  @State uri: Resource | string | undefined = undefined;
  private cameraPosition: Array<camera.CameraPosition> = [
    camera.CameraPosition.CAMERA_POSITION_UNSPECIFIED, camera.CameraPosition.
```

```
CAMERA_POSITION_BACK,
    camera.CameraPosition.CAMERA_POSITION_FRONT, camera.CameraPosition.CAMERA_
POSITION_FOLD_INNER
  ];
  private mediaType: Array<cameraPicker.PickerMediaType> = [
    cameraPicker.PickerMediaType.PHOTO, cameraPicker.PickerMediaType.VIDEO
  ];

  build() {
    Row() {
      Column() {
        Image(this.uri)
          .height($r('app.float.image_height'))
          .alt($r('app.media.startIcon'))

        Button($r('app.string.capture'))
          .width($r('app.float.button_width'))
          .margin({ top: $r('app.float.margin') })
          .onClick(async () => {
            try {
              // 启动后置摄像头
              let pickerProfile: cameraPicker.PickerProfile = { cameraPosition: this.
cameraPosition[1] };
              // 设置为拍照模式
              let pickerResult: cameraPicker.PickerResult = await cameraPicker.
pick(getContext(this),
                [this.mediaType[0]], pickerProfile);
              // 获取结果
              this.uri = pickerResult.resultUri;
            } catch (error) {

            }
          })
      }
      .width(Const.FULL_SIZE)
    }
    .height(Const.FULL_SIZE)
  }
}
```

5.3.4　安全机制

在任何系统生态中，应用间跳转的安全性都是至关重要的，如果应用未进行适当的安全防护，则可能遭到 URL 劫持、权限越界、数据泄露等攻击，影响用户数据隐私，甚至导致财产损失。本节将探讨常见的安全问题及防范措施，以确保应用间交互的安全性。

URL 劫持指的是恶意应用伪造相同的 URL Scheme，拦截原本属于合法应用的 Deep Linking 跳转，从而导致以下问题。

- 钓鱼攻击：用户单击合法应用的链接，却被恶意应用劫持，导致误操作或隐私泄露。
- 广告欺诈：黑产应用拦截广告投放的跳转，将流量导向非目标应用。
- 权限滥用：恶意应用冒充支付或银行 App，骗取用户的登录凭证或支付信息。

传统的 Deep Linking 允许应用自定义 scheme://host/path，由于没有统一的认证机制，多个应用可以声明相同的 scheme://，因此出现 URL Scheme 冲突。例如，多个应用注册相同的 Scheme，造成用户单击时打开错误的应用；系统的默认行为不一致，如不同设备、不同厂商的 ROM 可能会选择不同的默认应用。可以使用 App Linking 替代 Deep Linking，因为 App Linking 采用 HTTPS+ 域名认证的方式来避免被劫持。

权限越界是指应用 A 通过跳转的方式，绕过系统权限机制，非法调用应用 B 的功能，导致越权调用隐私数据（如短信、联系人、位置等）；或者绕过支付授权（如恶意调用支付 App 进行转账），执行未经用户授权的操作（如静默安装、远程控制）。一些常见的方式包括应用 A 伪造支付链接，直接调用支付 App 并附带支付参数，诱导用户单击完成支付；恶意 App 伪造官方 App 界面，并拦截用户输入的账号和密码，实现钓鱼攻击。防范措施如下。

- 在 moudule.json5 配置限制 callerPermission，只有特定权限的应用才能调用。

```typescript
{
  "module": {
    "abilities": [
      {
        "permissions": ["ohos.permission.START_ABILITIES"],
        // 只有声明了 ohos.permission.TRUSTED_CALLER 的应用才能调用
        "callerPermission": ["ohos.permission.TRUSTED_CALLER"]

      }
    ]
  }
}
```

- 在 onCreate 里校验 caller.bundleName，确保调用方是可信应用。

```typescript
import { UIAbility, Want } from '@kit.AbilityKit';

export default class PaymentAbility extends UIAbility {
  onCreate(want: Want): void {
    // 阻止非官方支付 App 调用支付功能，防止钓鱼诈骗
    if (want.bundleName !== "com.official.payment.app") {
      console.error(" 非法支付请求被拦截 ");
      return;
    }
```

```
  console.info(" 合法支付请求 ");
  }
}
```

数据泄露是指应用 A 在调用应用 B 时，错误地暴露了敏感数据，导致用户隐私信息（如账户信息、位置信息）泄露。恶意应用会拦截跳转参数（如支付金额、优惠券码等）。开发时要避免在 URL 里传递敏感数据，尽量使用加密的方式传递，确保数据安全。要避免明文传输，例如：

```typescript
let secureToken = encodeURIComponent(encrypt("user_payment_info"));
let paymentLink = 'https://***pay.example.com?token=${secureToken}';

openLink(paymentLink);
```

5.3.5　跳转创新应用

随着移动互联网的快速发展，应用间跳转已不再局限于传统的 URL 单击跳转，而是向更智能、更无感、更安全的方式演进。HarmonyOS 结合 NFC、蓝牙 Beacon、语音助手和 Web3 等去中心化技术，在智能家居、车载导航、零售、DApp 交互等场景下实现了丰富的跨应用跳转方式。下面将深入探讨这些跳转方式的技术实现、适用场景及最佳实践，帮助读者构建更具未来感的交互体验。

1. NFC 触碰跳转

NFC（近场通信）允许设备在短距离内（通常 <10cm）进行安全的数据交换，适用于智能门禁、共享单车、公交卡支付等场景。用户只需要用手机轻触 NFC 设备，即可自动拉起相关应用并执行特定操作。实现方式为 NFC 设备（如门禁、POS 机、公交站）预设 Deep Linking URL，指向某个 App Linking 地址。当手机靠近 NFC 设备时，系统自动解析 NFC 数据，调用 openLink() 或 startAbility() 跳转到指定的应用页面。代码示例如下。

在 NFC 设备上写入 Deep Linking URL。

```typescript
import { nfc } from '@kit.NfcKit';

@Entry
@Component
struct NfcWriteExample {
  build() {
    Button(" 写入 NFC 标签 ")
      .onClick(() => {
        let ndefMessage = {
          records: [
            {
```

```
            typeNameFormat: nfc.NdefRecordType.Uri,
            payload: "https://***myapp.com/open/nfc"
          }
        ]
      };
      nfc.writeNdefMessage(ndefMessage)
        .then(() => console.info(" 写入成功 "))
        .catch(err => console.error(" 写入失败 ", err));
    })
  }
}
```

在手机上解析 NFC 并启动应用。

```typescript
import { nfc } from '@kit.NfcKit';

@Entry
@Component
struct NfcReadExample {
  build() {
    Button(" 读取 NFC 标签 ")
      .onClick(() => {
        nfc.onNdefMessage((message) => {
          let link = message.records[0].payload;
          (getContext() as common.UIAbilityContext).openLink(link);
        });
      })
  }
}
```

2. 蓝牙 Beacon 跳转

在大型商场、机场、展览馆等场景下，用户可以通过蓝牙 Beacon 设备获取实时信息。例如，当用户靠近商场某个区域时，手机自动弹出商场的电子地图并高亮显示当前的位置；在展览馆入口处，用户靠近后自动拉起语音讲解 App，介绍当前的展区信息等。实现方式为 Beacon 设备持续广播包含 Deep Linking URL 的数据包，手机端监听 Beacon 信号，检测到 Beacon 信号后自动解析 URL，触发 openLink() 进行跳转。Beacon 设备广播 Deep Linking代码如下。

```typescript
import { bluetooth } from '@kit.BluetoothKit';

@Entry
@Component
struct BeaconBroadcast {
  build() {
    Button(" 启动 Beacon 广播 ")
```

```
      .onClick(() => {
        bluetooth.startBeaconBroadcast({
          uuid: "12345678-1234-5678-1234-567812345678",
          major: 1,
          minor: 2,
          payload: "https://***shop.com/deals"
        });
      });
    }
  }
```

手机监听 Beacon 信号并拉起 App，代码如下。

```typescript
import { bluetooth } from '@kit.BluetoothKit';

@Entry
@Component
struct BeaconListener {
  build() {
    bluetooth.onBeaconDetect((data) => {
      let link = data.payload;
      (getContext() as common.UIAbilityContext).openLink(link);
    });
  }
}
```

3. 语音助手跳转

用户可以通过语音助手直接控制 HarmonyOS 应用。例如，对语音助手说"我要订机票"，系统自动拉起航旅 App 并进入机票预订页面；对智能音箱说"打开智慧家居 App"，它会自动跳转到手机上的控制页面。代码示例如下。

```typescript
import { voice } from '@kit.VoiceKit';

@Entry
@Component
struct VoiceAssistant {
  build() {
    voice.onVoiceCommand("买电影票", () => {
      let ticketAppLink = "https://***movies.com/ticket";
      (getContext() as common.UIAbilityContext).openLink(ticketAppLink);
    });
  }
}
```

5.4 本章小结

本章全面阐述了 HarmonyOS 应用间跳转的核心技术、实现方式、安全机制及创新应用。探讨了应用内部页面跳转和应用间跳转的不同场景和最佳实践，并分析了 URL 劫持、权限越界、数据泄露等安全风险及防范措施。此外，探讨了 NFC 触碰跳转、蓝牙 Beacon 智能触发、语音助手交互等前沿应用场景。通过学习本章内容，开发者可以在 HarmonyOS 生态下打造更安全、更智能、更无感的应用跳转体验，为用户提供更流畅的跨应用交互方式。

习　　题

5.1　在 HarmonyOS 应用间跳转中，App Linking 相比 Deep Linking 具有哪些安全优势？

答案提示：相比 Deep Linking，App Linking 主要有域名认证机制、未安装应用时的安全处理、更好的跨平台兼容性等优势。App Linking 采用 HTTPS 域名认证，确保 URL 归属于合法的应用，避免出现 URL 劫持问题。Deep Linking 允许自定义 scheme://，可能被恶意应用伪造相同的 Scheme 进行劫持。App Linking 允许用户在未安装目标应用时跳转至 Web 页面，确保内容可达。对于 Deep Linking，如果目标应用未安装，则会跳转失败。Deep Linking 受限于移动端，而 App Linking 适用于多端的 HarmonyOS 设备（如手机、平板、智慧屏等）。

5.2　在 HarmonyOS 中，如何防止应用跳转中的 URL 劫持和权限越界问题？

答案提示：使用 App Linking 代替 Deep Linking，在 onCreate() 方法中校验 caller.bundleName，在 module.json5 中启用 domainVerify 机制可以防止 URL 劫持。限制 callerPermission，确保只有特定权限的应用可以调用来防止权限越界。

第 6 章

滚动组件的设计与实现

在移动端应用开发中，内容区域往往超过单屏可视范围，滚动成为用户交互的基本手势之一。在 ArkUI 框架中，Scroll、List、Grid 和 WaterFlow 四个滚动组件共同构成了滚动类组件体系，它们既有共同的功能基础，又具备各自的适用场景与特定布局逻辑。本章将系统梳理滚动组件的共性与差异，帮助开发者建立起对这类组件的整体认知，灵活掌握选择策略与性能优化技巧。

6.1 通用滚动组件

Scroll、List、Grid、WaterFlow 四个滚动组件虽然布局形态各异，但它们共享一套通用功能接口，形成了滚动系统的通用编程模型。

6.1.1 通用滚动组件核心属性

通用滚动组件支持使用 scrollBar、scrollBarColor、scrollBarWidth 等属性设置滚动组件的样式和行为，如表 6-1 所示。

表 6-1　通用滚动组件核心属性

Scroll 属性	说　　明
scrollBar()	控制滚动条显示状态，例如 BarState.On、BarState.Off 等
scrollBarColor()	设置滚动条的颜色
scrollBarWidth()	设置滚动条的宽度
edgeEffect()	设置边缘滑动效果（如弹簧、阴影等）

（续表）

Scroll 属性	说　明
nestedScroll()	设置嵌套的滚动行为
enableScrollInteraction()	是否支持滚动交互（手势 / 鼠标）
flingSpeedLimit()	设置限制和滑动结束后 Fling 动效开始时的最大初始速度
friction()	设置滑动摩擦系数，影响惯性滚动
fadingEdge()	设置边缘渐隐效果与长度
clipContent()	设置内容区域为裁剪模式
backToTop()	设置是否支持单击状态栏返回顶部

6.1.2　通用滚动组件核心事件

滚动事件回调：统一支持 onScrollStart、onScrollStop、onReachStart、onReachEnd、onDidScroll 和 onWillScroll 等事件，如表 6-2 所示。

表 6-2　通用滚动组件核心事件

事　件　名	说　明
onScrollStart()	滚动开始时触发
onScrollStop()	滚动结束时触发
onReachStart()	滚动到顶部触发
onReachEnd()	滚动到底部触发
onWillScroll()	每帧滚动前回调，可干预滚动距离
onDidScroll()	每帧滚动后回调，可获取偏移值

6.2　Scroll

Scroll 是 ArkUI 框架中最基础的滚动组件，它提供了原始的滚动功能，不限定子组件的类型和数量。当子组件在主轴方向上的尺寸超出 Scroll 时，Scroll 会自动启用滚动功能。

6.2.1　Scroll 基本结构

Scroll 仅支持一个子组件，通常是 Column、Row 和 Stack 等。

```json
Scroll() {
  Column() {
    Text("Item 1")
    Text("Item 2")
    Text("Item 3")
    // ……更多内容
  }
}
.scrollable(ScrollDirection.Vertical)
.scrollBar(BarState.On)
```

6.2.2　Scroll 特有属性

Scroll 除支持通用滚动组件的通用属性外，还支持以下三个属性。

```json
// 设置滚动方向
// Horizontal 仅支持水平方向滚动
// Vertical 仅支持竖直方向滚动
// None 不可滚动
.scrollable(ScrollDirection.Vertical)

// 设置 Scroll 的限位滚动模式
.scrollSnap(10)

// 设置是否支持滑动翻页，若设置为 true，则每次滑动会自动对齐到一整页
.enablePaging(value: boolean)

// 设置初始的滚动偏移量，仅在首次布局时生效，支持具体数值或百分比
.initialOffset(value: OffsetOptions)
```

6.2.3　Scroll 特有事件

Scroll 不支持滚动组件通用事件中的 onWillScroll 和 onDidScroll 事件，支持其他通用事件。除此之外，还支持下面的事件。

```json
// 在每帧滑动开始时触发，可用于控制精确的滚动距离，在嵌套滚动场景中尤为重要
// 例如：Scroll 嵌套 List 时，可以通过该事件拦截部分滑动量，传递给子组件
.onScrollFrameBegin((offset: number, state: ScrollState) => { offsetRemain: number })
```

6.2.4　Scroll 代码示例

编写一个 Scroll 页面，使用 10 个 Text 进行填充，单击左边的按钮即可进行相应的操作，如图 6-1 所示。

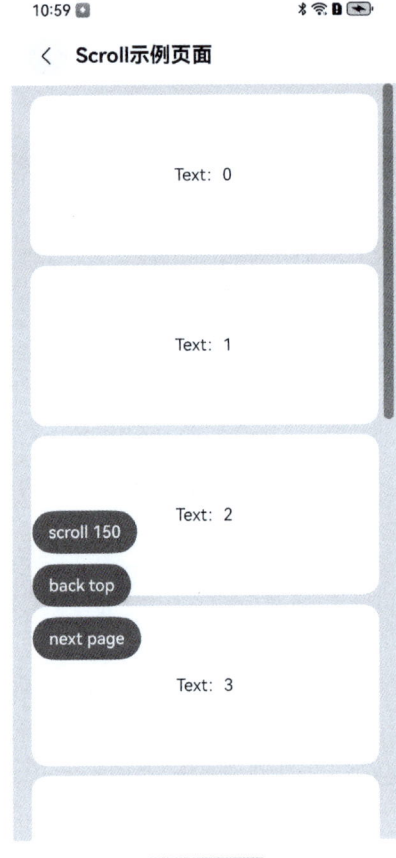

图 6-1　Scroll 页面

```typescript
@Entry
@Component
struct ScrollExample {
  scroller: Scroller =
 new Scroller()
  private arr: number[] = [0, 1, 2, 3, 4, 5, 6, 7, 8, 9]
  build() {
    Stack({ alignContent: Alignment.TopStart }) {
      Scroll(this.scroller) { // 创建 Scroll 滚动容器
        Column() {
          ForEach(this.arr, (item: number) => {
            Text('Text: '+item.toString())
              .width('90%')
              .height(150)
```

```
          .backgroundColor(0xFFFFFF)
          .borderRadius(15)
          .fontSize(16)
          .textAlign(TextAlign.Center)
          .margin({ top: 10 })
      }, (item: string) => item)
    }.width('100%')
  }
  .scrollable(ScrollDirection.Vertical) // 滚动方向纵向
  .scrollBar(BarState.On) // 滚动条常驻显示
  .scrollBarColor(Color.Gray) // 滚动条颜色
  .scrollBarWidth(10) // 滚动条宽度
  .friction(0.6) // 设置摩擦系数
  .edgeEffect(EdgeEffect.None)
  .onWillScroll((xOffset: number, yOffset: number, scrollState: ScrollState) => {
    console.info(xOffset + ' ' + yOffset)
  })
  .onScrollEdge((side: Edge) => {
    console.info('To the edge')
  })
  .onScrollStop(() => {
    console.info('Scroll Stop')
  })

  Button('scroll 150')
    .height(40)
    .onClick(() => { // 单击后下滑指定距离 150.0vp
      this.scroller.scrollBy(0, 150)
    })
    .margin({ top: 400, left: 20 })
  Button('back top')
    .height(40)
    .onClick(() => { // 单击后回到顶部
      this.scroller.scrollEdge(Edge.Top)
    })
    .margin({ top: 450, left: 20 })
  Button('next page')
    .height(40)
    .onClick(() => { // 单击后滑到下一页
      this.scroller.scrollPage({ next: true ,animation: true })
    })
    .margin({ top: 500, loft: 20 })

}.width('100%').height('100%').backgroundColor(0xDCDCDC)
  }
}
```

6.3 List

List（列表）是最常见的 UI 组件之一。无论是新闻资讯、商品展示、聊天对话，还是动态内容流，都需要一个强大且高效的 List 组件来承载海量数据。

6.3.1 List 基本结构

List 是一个可滚动的容器组件，适用于展示具有相同宽度的多个列表项。在 ArkUI 框架中，List 支持单列和多列模式，并提供了对滚动行为的精细控制。与 Grid 和 WaterFlow 相比，List 更适用于规则性强的内容展示，如文本列表、评论区、订单信息等。

List 的结构主要由两部分组成：父组件 List 作为列表容器，子组件 ListItem 或 ListItemGroup 作为列表项。ListItemGroup 允许对列表项进行分组管理，适用于联系人列表、分类菜单等分层结构的数据展示。以下是一个简单的 List 示例。

```json
List({ space: 10 }) {
  ListItemGroup() {
    ListItem() { Text('分组内容') }
  }
  ListItem() { Text('普通内容') }
}
```

在实际开发中，列表项通常是动态生成的，因此常使用 ForEach 或 LazyForEach 进行循环渲染。需要注意的是，ForEach 适用于数据量较少的列表，会一次性渲染所有的子项，而 LazyForEach 适用于大数据量列表，仅渲染可见区域的内容，从而提升性能。代码示例如下。

```json
List() {
  ForEach([1, 2, 3, 4], (item) => {
    ListItem() {
      Text('列表项 ${item}')
    }
  })
}
```

6.3.2 List 特有属性

List 提供了丰富的配置选项，除支持通用滚动组件的通用属性外，还支持以下属性，如表 6-3 所示。

表 6-3　List 特有属性

属 性 名	说 明
space	设置列表项之间的间距
initialIndex	设置 List 初次加载时显示的起始 item 索引
listDirection()	设置 List 组件的排列方向，默认值为 Axis.Vertical，竖向排列
divider()	设置 ListItem 分割线样式，默认为无分割线
cachedCount()	设置显示区域外预加载的 item 数量，仅在使用懒加载（LazyForEach）时生效
lanes()	配置多列布局功能
alignListItem()	设置 ListItem 在交叉轴方向的对齐方式
sticky()	配合 ListItemGroup 使用，设置 Header 或 Footer 是否吸顶吸底
scrollSnapAlign()	设置滚动结束时对齐的方式，适用于等高 item
childrenMainSize()	为 List 提供每个子项的主轴方向尺寸，确保 scrollToIndex 跳转准确
maintainVisibleContentPosition()	设置在懒加载场景下插入或删除数据时是否保持当前显示内容位置不变

6.3.3　List 特有事件

List 除支持通用滚动组件的通用事件外，还支持以下事件。

- 可视区域变动事件，如表 6-4 所示。

表 6-4　List 可视区域变动事件

事 件 名	说 明
onScrollIndex	监听列表滚动时，当前可视区域首尾、中间项索引变化。适合做滚动定位或懒加载
onScrollVisibleContentChange	精确监听任意子组件（包括 ListItemGroup 的 header/footer）划入或划出的可视区域。用于内容曝光监控

```javascript
List({ space: 10 })
  .onScrollIndex((start, end, center) => {
    console.info('显示区域范围: ${start} ~ ${end}，中间索引为 ${center}')
})
```

- 滚动控制事件。

```javascript
List()
  // 当监听列表滚动时，当前可视区域首尾、中间项索引变化。适合做滚动定位或懒加载
  .onScrollFrameBegin((offset, state) => {
    console.info('准备滚动: ', offset)
    return { offsetRemain: offset } // 不拦截
})
```

- 拖曳排序与交互事件。启用编辑模式后，List 支持内建的拖曳行为，并可通过一组事件接口监听拖曳各阶段的交互，如表 6-5 所示。

表 6-5　List 拖曳事件

事 件 名	说　明
onItemDragStart	拖曳开始时被触发，可返回一个自定义 UI 替代原项
onItemDragMove onItemDragEnter onItemDragLeave	拖曳过程中移动、进入、离开事件
onItemDrop	拖曳释放时被触发，适用于更新数据源
onItemMove	拖曳项索引变更（from → to）时被触发，可拦截排序操作

```javascript
List()
  .editMode(true) // 启用编辑模式
  .onItemMove((from, to) => {
    console.info(' 拖曳从 ${from} 到 ${to}')
    return true
})
```

6.3.4　List 代码示例

在掌握了 List 的属性和事件之后，来看一个实际的使用示例。该示例展示了一个基础的垂直滚动列表，通过 List 和 ListItem 组件配合 ForEach 动态渲染多个数据项。同时，示例还配置了常见的滚动相关属性与事件，如设置分割线、监听滚动偏移、响应可见区域变化等，页面样式如图 6-2 所示，代码如下。

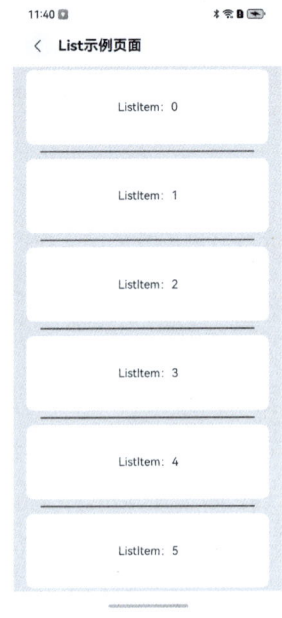

图 6-2　List 示例页面

```typescript
struct ListExample {
  private arr: number[] = [0, 1, 2, 3, 4, 5, 6, 7, 8, 9]
  build() {
    Column() {
      List({ space: 20, initialIndex: 0 }) {
        ForEach(this.arr, (item: number) => {
          ListItem() {
            Text('ListItem: ' + item)
              .width('100%').height(100).fontSize(16)
              .textAlign(TextAlign.Center).borderRadius(10).backgroundColor(0xFFFFFF)
          }
        }, (item: string) => item)
      }
      .listDirection(Axis.Vertical) // 排列方向
      .scrollBar(BarState.Off)
      .friction(0.6)
      // 每行之间的分界线
      .divider({ strokeWidth: 2, color: Color.Blue, startMargin: 20, endMargin: 20 })
      .edgeEffect(EdgeEffect.Spring) // 边缘滑动时使用弹簧的效果
      // 当显示区域的首、尾、中间的可见 ListItem 发生变化时触发
      .onScrollIndex((firstIndex: number, lastIndex: number, centerIndex: number) => {
        // firstIndex：当前显示区域中第一个可见项的索引
        // lastIndex：当前显示区域中最后一个可见项的索引
        // centerIndex：当前显示区域中居中显示项的索引（API version 10+）
      })
      // 当 List 可见内容区域发生变化（如新项划入、原项划出）时触发
      .onScrollVisibleContentChange((start: VisibleListContentInfo, end:
VisibleListContentInfo) => {
        // start、end：表示当前可见范围的起始和结束内容信息
      })
      .onDidScroll((scrollOffset: number, scrollState: ScrollState) => {
        console.info('onScroll scrollState = ScrollState' + scrollState + ',
scrollOffset = ' + scrollOffset)
      })
      .width('90%')
    }
    .width('100%')
    .height('100%')
    .backgroundColor(0xDCDCDC)
    .padding({ top: 5 })
  }
}
```

6.4   Grid

Grid 是用于网格布局的 UI 组件，它将屏幕区域划分为多个单元格（Cell），并将它们按照指定的行数（Row）和列数（Column）排列。每个子组件（GridItem）都占据一个或多个单元格，开发者可以根据需求调整每个子组件的位置和大小，从而实现灵活的网格布局。

Grid 具有以下特点。

- 规则化布局：基于行和列排列，适用于商品推荐、相册展示、应用列表等场景。
- 灵活的列宽和行高：支持固定大小、比例分配、自动调整，满足不同设备屏幕适配需求。
- 跨行跨列：支持单个 GridItem 占据多个行或列，可以创建大尺寸的内容块（如广告 Banner）。
- 滚动优化：支持滚动加载和懒加载，适用于大数据量列表，提高渲染性能。
- 拖曳排序：支持编辑模式，允许用户在网格中拖曳 GridItem 调整位置。

6.4.1   Grid 基本结构

在 ArkUI 框架中，Grid 主要由父组件 Grid 和子组件 GridItem 组成，GridItem 代表网格中的每个单元格。基本结构如下。

```javascript
Grid(scroller?: Scroller, layoutOptions?: GridLayoutOptions) {
  ForEach(this.items, (item) => {
    GridItem() {
      Text(item)
    }
  })
}
.columnsTemplate('1fr 1fr')
.rowsTemplate('1fr 1fr')
.rowsGap(10)
.columnsGap(10)
.height(300)
```

6.4.2   Grid 特有属性

Grid 除支持通用滚动组件的通用属性外，还支持以下属性，如表 6-6 所示。

表 6-6   Grid 特有属性

属 性 名	说　　明
columnsTemplate(value: string)	列的定义格式：可设置常量列数，或通过 auto-fill、auto-fit 等自适应样式自动计算列数

（续表）

属　性　名	说　　明
rowsTemplate(value: string)	行的定义格式
layoutDirection(direction: GridDirection)	主轴排列方向：Row/Column/ 逆方向
maxCount(minCount)	最大 / 最小行或列数（依据主轴方向确定）
cellLength(value: number)	单行或单列宽高
columnsGap / rowsGap	列间距 / 行间距
cachedCount(value: number)	设置预加载的 GridItem 数量，适用于 LazyForEach
alignItems(GridItemAlignment)	一行内各项等高对齐
editMode(true)	进入编辑模式，支持拖曳排序
supportAnimation(true)	拖动动画效果，只属于规则类 Grid

6.4.3　Grid 特有事件

Grid 除支持通用滚动组件的通用事件外，还支持以下事件，如表 6-7 所示。

表 6-7　Grid 特有事件

事　　件	说　　明
onScrollIndex(first, last)	监听滚动时显示区域的首末 item 索引值
onItemDragStart(event, index)	拖曳开始，可返回自定义 UI
onItemDrop(event, from, to, success)	拖曳释放时被触发，可用于更新数据源

```javascript
// 监听滚动
Grid().onScrollIndex((first, last) => {
  console.info(' 当前可见索引范围: ${first} ~ ${last}')
})


// 监听拖曳排序
Grid()
  .editMode(true) // 开启编辑模式
  .onItemDragStart((event, index) => console.info(' 开始拖曳 ${index}'))
  .onItemDrop((event, from, to) => console.info(‘ 从 ${from} 拖曳到 ${to}’ ))
```

6.4.4　Grid 代码示例

接下来构建一个 5 列 ×6 行的网格布局。网格项通过两层 ForEach 循环动态生成，最终形成清晰的矩阵。结合 Scroller 控制器，可以实现分页滚动、监听滚动状态等操作，如图 6-3 所示，代码如下。

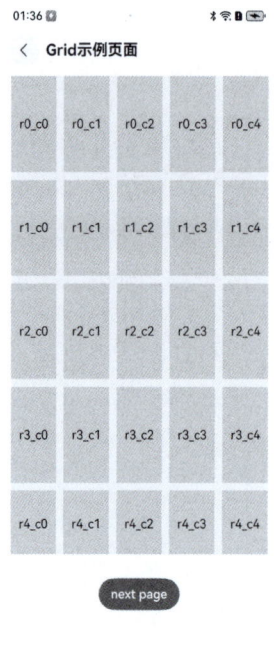

图 6-3　Grid 示例页面

```typescript
@Entry
@Component
struct GridExample {
  @State row_numbers: String[] = ['r0', 'r1', 'r2', 'r3', 'r4', 'r5']  // 行
  @State column_numbers: String[] = ['c0', 'c1', 'c2', 'c3', 'c4'] // 列
  scroller: Scroller = new Scroller()
  build() {
    Column({ space: 5 }) {
      Grid(this.scroller) { // 创建 Grid，绑定滚动控制器
        ForEach(this.row_numbers, (row: string) => {
          ForEach(this.column_numbers, (col: string) => { // 嵌套两层 ForEach 生成网格项
            // 每个网格项为一个 GridItem，内部展示一个文字
            GridItem() {
              Text(row + '_' + col)
                .fontSize(16)
                .backgroundColor(0xF9CF93)
                .width('100%')
                .height(120)
                .textAlign(TextAlign.Center)
            }
          }, (col: string) => col)
        }, (row: string) => row)
```

```
}
.columnsTemplate('1fr 1fr 1fr 1fr 1fr') // 设置 5 列，每列平均分配宽度
.columnsGap(10) // 设置列间距为 10
.rowsGap(10) // 设置行间距为 10
.friction(0.6) // 设置滚动摩擦系数 (0.6)，可以决定惯性滚动的速度
.enableScrollInteraction(true) // 启用手势滑动
.supportAnimation(false)
.multiSelectable(false)
.edgeEffect(EdgeEffect.Spring)
.scrollBar(BarState.On)
.scrollBarColor(Color.Grey)
.scrollBarWidth(4)
.width('90%')
.backgroundColor(0xFAEEE0)
.height(600)
// 滚动时显示区域的起始和结束索引发生变化时触发
.onScrollIndex((first: number, last: number) => {
  console.info(first.toString())
  console.info(last.toString())
})
// 自定义滚动条位置和长度的回调，用于精细控制滚动条
.onScrollBarUpdate((index: number, offset: number) => {
  console.info("XXX" + 'Grid onScrollBarUpdate,index : ' + index.toString() + ",
offset" + offset.toString())
  return { totalOffset: (index / 5) * (80 + 10) - offset, totalLength: 80 * 5 +
10 * 4 }
}) // 只适用于当前示例代码的数据源，如果数据源有变化，则需要修改该部分代码，或者删掉此属性
// 滚动过程中每帧触发，返回偏移量和状态
.onDidScroll((scrollOffset: number, scrollState: ScrollState) => {
  console.info(scrollOffset.toString())
  console.info(scrollState.toString())
})
// 开始滚动时触发
.onScrollStart(() => {
  console.info("XXX" + "Grid onScrollStart")
})
// 滚动停止时触发
.onScrollStop(() => {
  console.info("XXX" + "Grid onScrollStop")
})
// 滚动到顶部时触发
.onReachStart(() => {
  console.info("XXX" + "Grid onReachStart")
})
// 滚动到底部时触发
.onReachEnd(() => {
  console.info("XXX" + "Grid onReachEnd")
})
```

```
    Button('next page')
      .onClick(() => { // 单击后滑到下一页
        this.scroller.scrollPage({ next: true })
      }).margin({ top: 25 })
  }.width('100%').margin({ top: 5 })
  }
}
```

6.5　WaterFlow

WaterFlow 是一种专为自动排布不规则尺寸内容而设计的容器组件。从结构上来看，它由"行"和"列"组成网格，在排列过程中，根据子项的实际尺寸以及所处列的当前累积高度，动态选择最合适的位置进行填充。相比 Grid，WaterFlow 不要求每个子项高度一致；相比 List，它支持多列交错展示，特别适合用于商品卡片流、图文资讯瀑布流、图片瀑布展示、多风格组件混排等场景。

6.5.1　WaterFlow 基本结构

在结构上，WaterFlow 和 Grid 类似，将 FlowItem 作为子项容器，仅支持如下形式的渲染结构。

```json
WaterFlow() {
  FlowItem() {
    // 每个子项的内容
  }
  FlowItem() {
    // ...
  }
}
```

6.5.2　WaterFlow 特有属性

WaterFlow 除支持通用滚动组件的通用属性外，还支持以下属性，如表 6-8 所示。

表 6-8　WaterFlow 特有属性

属 性 名	说 明
columnsTemplate	可以设置列数或列宽。支持 repeat(auto-fill，80) 等形式，实现自适应列数
rowsTemplate	设置行数或行高，横向瀑布流时生效
layoutDirection	设置主轴方向，默认为纵向（FlexDirection.Column）
columnsGap	设置列与列的间距
rowsGap	设置行与行的间距

（续表）

属 性 名	说　　明
itemConstraintSize	设置子组件的最小 / 最大宽度和高度范围
cachedCount	设置加载场景下的预加载项数量，可控制是否显示
sections	设置多个分组进行混合排列布局，提升复杂场景适配功能
layoutMode	设置布局模式，如 SLIDING_WINDOW（滑动窗口），支持更高性能的跳转

6.5.3　WaterFlow 特有事件

WaterFlow 除支持通用滚动组件的通用事件外，还支持以下事件，如表 6-9 所示。

表 6-9　WaterFlow 特有事件

事　　件	说　　明
onScrollIndex(first, last)	监听滚动时显示区域的首尾 item 索引值
onScrollFrameBegin(offset, state)	每帧滑动开始时，可调整滑动量

6.5.4　WaterFlow 代码示例

下面这个示例将 LazyForEach 与 WaterFlow 配合使用，动态生成 100 个 FlowItem，每个 item 的高度随机生成，同时设置了列宽自适应，并为每个 item 设置了背景颜色以方便观察其分布效果，如图 6-4 所示，代码如下。

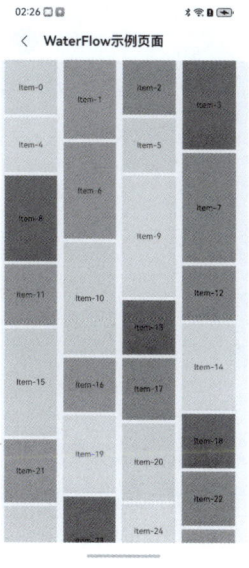

图 6-4　WaterFlow 示例页面

```typescript
WaterFlow() {
  LazyForEach(new MyDataSource(), (item: number) => {
    FlowItem() {
      Text('Item: ' + item)
    }
  }, (item: number) => item.toString())
}


@Entry
@Component
struct WaterFlowExample {
  @State minSize: number = 80;
  @State maxSize: number = 180;
  @State colors: number[] = [0xFFC0CB, 0xDA70D6, 0x6B8E23, 0x6A5ACD, 0x00FFFF,
0x00FF7F];
  dataSource: WaterFlowDataSource =
 new WaterFlowDataSource();
  private itemWidthArray: number[] = [];
  private itemHeightArray: number[] = [];

  // 计算 FlowItem 宽 / 高
  getSize() {
    let ret = Math.floor(Math.random() * this.maxSize);
    return (ret > this.minSize ? ret : this.minSize);
  }

  // 设置 FlowItem 宽 / 高数组
  setItemSizeArray() {
    for (let i = 0; i < 100; i++) {
      this.itemWidthArray.push(this.getSize());
      this.itemHeightArray.push(this.getSize());
    }
  }

  aboutToAppear() {
    this.setItemSizeArray();
  }

  build() {
    Column({ space: 2 }) {
      WaterFlow() {
        LazyForEach(this.dataSource, (item: number) => {
          FlowItem() {
            Column() {
              Text("Item-" + item).fontSize(12).height('16')
            }
```

```
      }
        .width('100%')
        .height(this.itemHeightArray[item % 100])
        .backgroundColor(this.colors[item % 5])
      }, (item: string) => item)
    }
    .columnsTemplate('repeat(auto-fill,80)')
    .columnsGap(10)
    .rowsGap(5)
    .padding({left:5})
    .backgroundColor(0xFAEEE0)
    .width('100%')
    .height('100%')
  }
  }
}
```

6.6　LazyForEach 的使用

LazyForEach 是用于大量数据驱动 UI 实时渲染的重要组件，主要解决列表、横排、红线、瀑布流等场景中大量元素渲染造成的性能压力问题。它具有"懂动态、懂重用、懂回收"的特点，在兼容高性能设备和低内存设备时，表现出优异的性能。当使用 List、Grid 和 WaterFlow 时，如果数据量很大，并且需要动态增删数据而不希望重复创建所有组件，则可以使用 LazyForEach。使用 LazyForEach 必须实现 IDataSource 接口，具体如下。

```typescript
dataSource: WaterFlowDataSource = new WaterFlowDataSource();

WaterFlow() {
  LazyForEach(this.dataSource, (item: number) => {
    FlowItem() {
      Column() {
        Text("Item-" + item).fontSize(12).height('16')

}
    }
  }, (item: string) => item)
}

export class WaterFlowDataSource implements IDataSource {
  private dataArray: number[] = []
  private listeners: DataChangeListener[] = []

  constructor() {
    for (let i = 0; i < 100; i++) {
```

```
      this.dataArray.push(i)
    }
  }

  // 获取索引对应的数据
  public getData(index: number): number {
    return this.dataArray[index]
  }

  // 通知控制器数据重新加载
  notifyDataReload(): void {
    this.listeners.forEach(listener => {
      listener.onDataReloaded()
    })
  }

  // 通知控制器数据增加
  notifyDataAdd(index: number): void {
    this.listeners.forEach(listener => {
      listener.onDataAdd(index)
    })
  }

  // 通知控制器数据变化
  notifyDataChange(index: number): void {
    this.listeners.forEach(listener => {
      listener.onDataChange(index)
    })
  }

  // 通知控制器数据删除
  notifyDataDelete(index: number): void {
    this.listeners.forEach(listener => {
      listener.onDataDelete(index)
    })
  }

  // 通知控制器数据位置变化
  notifyDataMove(from: number, to: number): void {
    this.listeners.forEach(listener => {
      listener.onDataMove(from, to)
    })
  }

  // 获取数据总数
  public totalCount(): number {
    return this.dataArray.length
  }
```

```
  // 注册改变数据的控制器
  registerDataChangeListener(listener: DataChangeListener): void {
    if (this.listeners.indexOf(listener) < 0) {
      this.listeners.push(listener)
    }
  }

  // 注销改变数据的控制器
  unregisterDataChangeListener(listener: DataChangeListener): void {
    const pos = this.listeners.indexOf(listener)
    if (pos >= 0) {
      this.listeners.splice(pos, 1)
    }
  }

  // 增加数据
  public Add1stItem(): void {
    this.dataArray.splice(0, 0, this.dataArray.length)
    this.notifyDataAdd(0)
  }

  // 在数据尾部增加一个元素
  public AddLastItem(): void {
    this.dataArray.splice(this.dataArray.length, 0, this.dataArray.length)
    this.notifyDataAdd(this.dataArray.length-1)
  }

  // 在指定索引位置增加一个元素
  public AddItem(index: number): void {
    this.dataArray.splice(index, 0, this.dataArray.length)
    this.notifyDataAdd(index)
  }

  // 删除第一个元素
  public Delete1stItem(): void {
    this.dataArray.splice(0, 1)
    this.notifyDataDelete(0)
  }

  // 重新加载数据
  public Reload(): void {
    this.dataArray.splice(1, 1)
    this.dataArray.splice(3, 2)
    this.notifyDataReload()
  }
}
```

ForEach 和 LazyForEach 在语法结构上看起来相似，但在性能优化机制和使用场景上有区别，如表 6-10 所示。

表 6-10　ForEach 和 LazyForEach 的区别

对 比 项 目	ForEach	LazyForEach
数据类型	普通数组	必须实现 IDataSource 接口
渲染方式	一次性将所有节点渲染在页面中	只渲染当前可视区域节点，按需加载和回收
性能表现	适合数据量较小的静态场景	适合数据量大、需要滚动加载的动态列表
资源占用	全部渲染后，内存占用随数据增长而增加	节点复用，内存占用稳定
节点复用	不支持	支持复用和释放，不会出现渲染卡顿
动画与过渡	支持动画	支持部分滚动过渡动画
更新方式	直接更新状态变量	需要通过 IDataSource.notifyData() 接口通知组件更新

6.7　本章小结

　　本章系统介绍了 ArkTS 框架中的滚动类组件，包括通用滚动组件的属性与事件，以及 Scroll、List、Grid 和 WaterFlow 四个滚动容器的核心功能和使用方式。在此基础上，逐一介绍了每个组件的结构、属性、事件和典型使用场景，并通过完整代码示例介绍实际应用方法。此外，专门介绍了 LazyForEach 的机制和用法，它作为优化性能的重要手段，适用于大数据量场景下的懒加载渲染，能够显著降低内存消耗并提升滚动流畅度。通过对比 ForEach 与 LazyForEach，读者也能更好地理解二者在功能、性能、适用场景方面的异同。

习　　题

　　6.1　请简述 Grid 和 WaterFlow 在布局机制和使用场景上的主要区别。

　　答案提示：在使用 Grid 时，开发者需要明确指定布局结构，它适合规则、整齐的网格排布。在使用 WaterFlow 时，系统自动根据可用列高度进行布局，它更适合内容高度不一的瀑布流样式。

　　6.2　LazyForEach 和 ForEach 有哪些区别？为什么推荐在滚动组件中使用 LazyForEach？

　　答案提示：LazyForEach 会根据滚动区域的可视范围按需创建和销毁子组件，有效降低了内存占用，适用于大数据量场景。ForEach 会一次性渲染所有的子组件，而不需要进行组件回收。它适用于静态内容或小数据量的展示。在 List、Grid 和 WaterFlow 等滚动组件中推荐使用 LazyForEach，以保证滚动流畅和资源优化。

第7章

AI 辅助开发工具链解析

在开发过程中经常面临书写大量重复代码、查阅繁杂的 API 文档、定位和修复问题等挑战，这些琐碎和繁重的任务不仅占用了宝贵的开发时间，还降低了开发效率。近年来，AI 辅助编程工具的快速兴起，极大地缓解了这些问题，帮助开发者实现智能代码生成、快速问题定位及高效开发优化，极大地改善了开发体验。DevEco Studio 内置了第三方插件 ProxyAI（前身为 CodeGPT），以及官方出品的 CodeGenie，二者都是优秀的 AI 辅助开发工具，它们能与 HarmonyOS 生态深度融合，进一步提高 ArkTS 代码编写效率。此外，ProxyAI 还支持灵活配置市面上常见的大语言模型，如 DeepSeek，让开发者拥有更多的选择。

本章将详细介绍如何在 DevEco Studio 中使用和配置 ProxyAI 和 CodeGenie，尤其是在 ProxyAI 中集成 DeepSeek 模型以实现强大的智能编码支持，并辅以具体的使用示例，让开发者能够直观地感受 AI 辅助工具所带来的效率提升和便捷体验。

7.1　Proxy AI

7.1.1　安装 Proxy AI

打开 DevEco Studio，在菜单栏找到插件入口。本书以 macOS 系统为例，在 DevEco Studio 菜单栏中选择"DevEco Studio"->"Preferences"菜单命令（在 Windows 系统中选择"File"->"Settings"菜单命令），在"Preferences"对话框的左侧列表中选择"Plugins"选项卡，在中间的搜索框中输入 Proxy AI，单击"Install"按钮后单击"OK"按钮，即可完成安装，如图 7-1 所示。

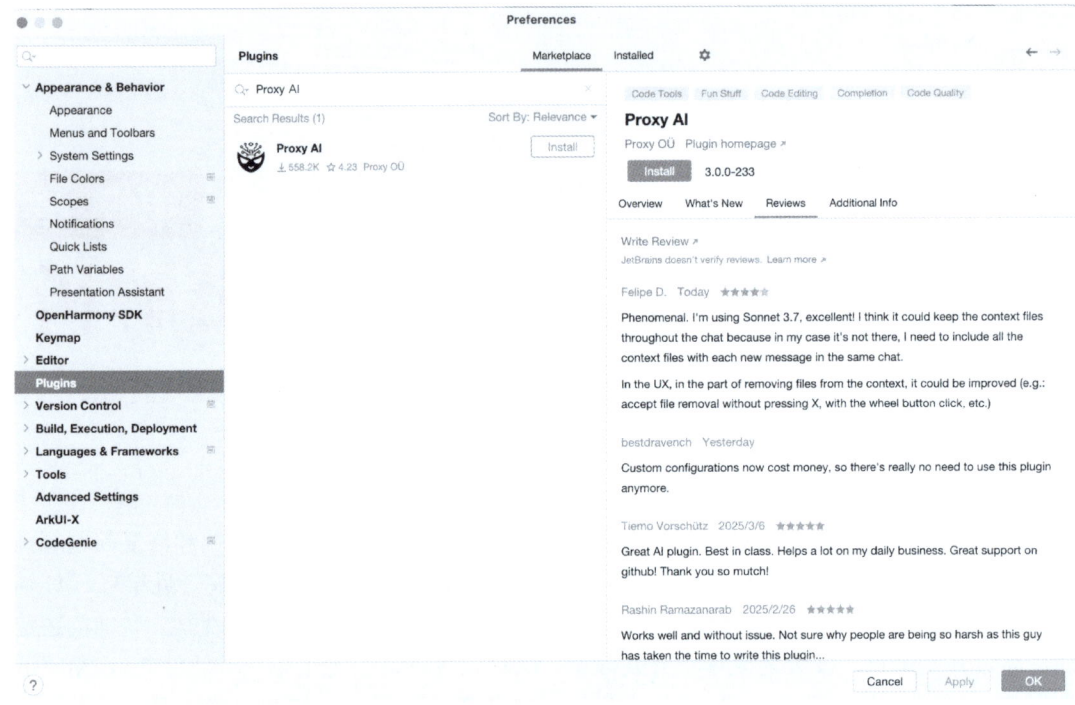

图 7-1　安装 Proxy AI

7.1.2　获取 DeepSeek 的 API Key

打开 DeepSeek 开放平台（https://***platform.deepseek.com/sign_in），完成登录，如图 7-2 所示

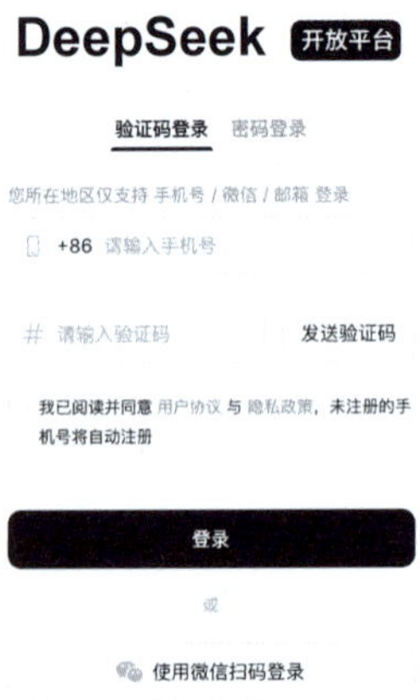

图 7-2　开放平台登录页面

　　进入 DeepSeek 开放平台首页，在左侧功能栏中选择"API keys"选项卡，单击创建"API key"按钮，如图 7-3 所示。

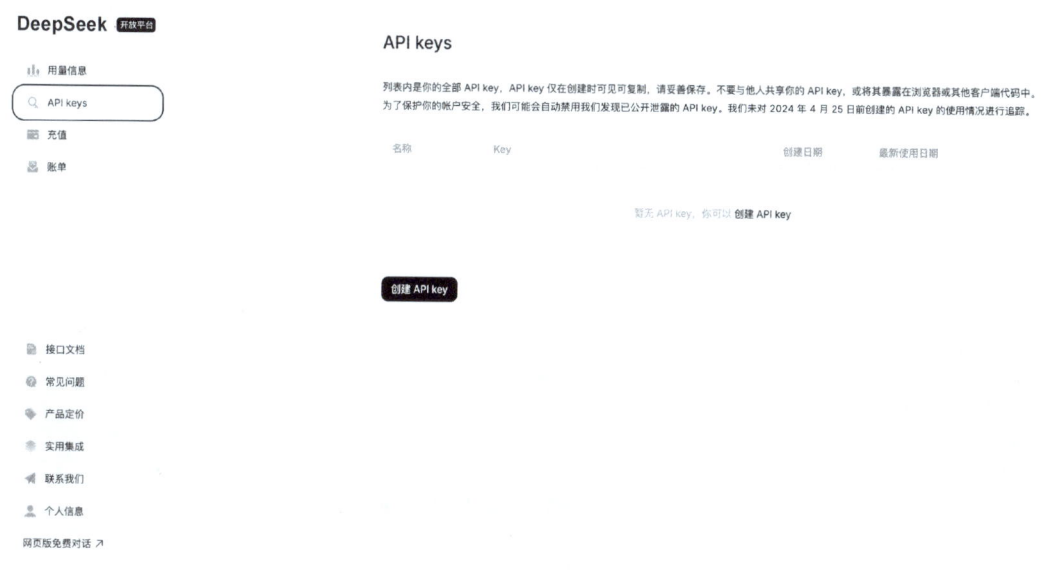

图 7-3　DeepSeek 开放平台首页

　　在"创建 API key"对话框中输入名称，单击"创建"按钮，会弹出"创建 API key"提示框，表示 key 已经被成功创建，请务必将 key 保存好。由于安全原因，key 无法在管理页面中再次查看，如果丢失，则需要重新创建，如图 7-4 所示。

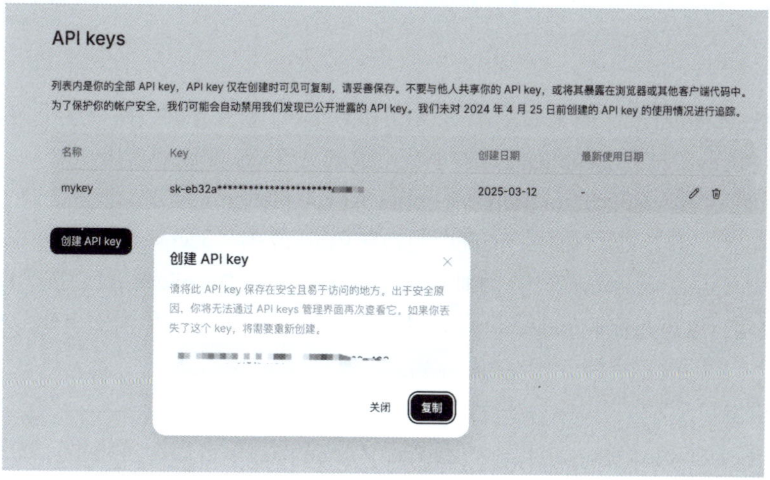

图 7-4　创建 API key

7.1.3　给 Proxy AI 配置 DeepSeek

打开 DevEco Studio 插件页面，选择"Tools"->"Proxy AI"->"Providers"->"Custom OpenAI"菜单命令，需要配置四个选项，分别是 Present template、API key、URL，以及"Chat Completions"中 Body 里的 mode 选项。配置完毕后，单击"Apply"按钮，如图 7-5 所示。

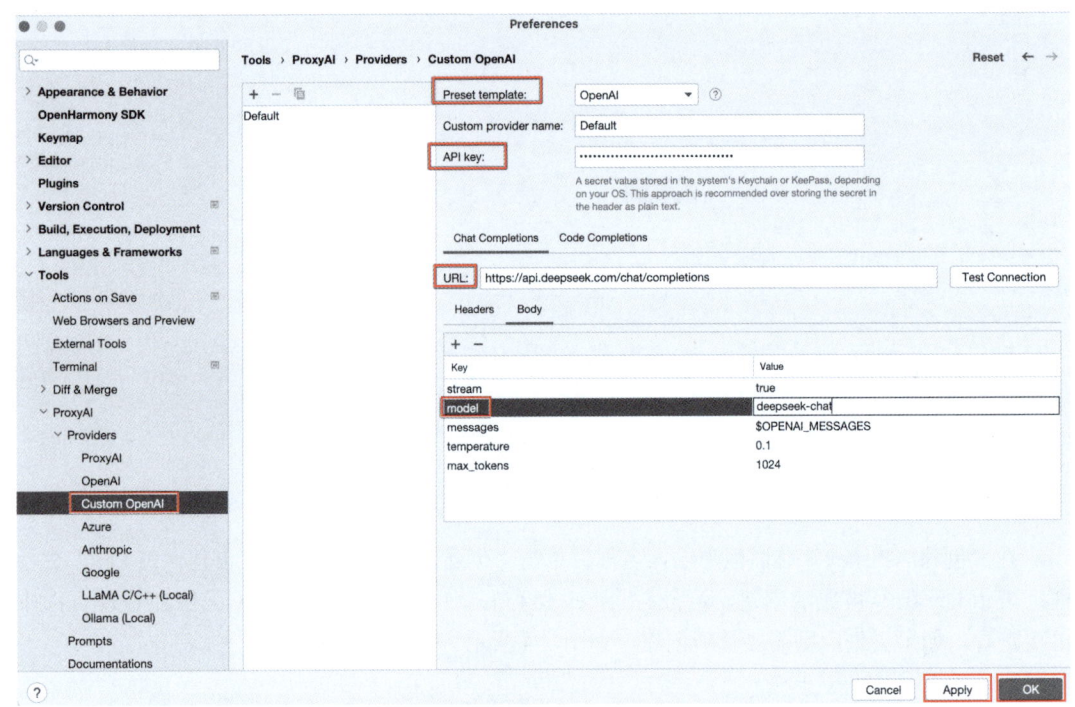

图 7-5　配置 DeepSeek

- 配置 Preset template：因为 DeepSeek API 和 OpenAI 是兼容的，所以这里选择 OpenAI。
- 配置 API key：把在 DeepSeek 开放平台生成的 API key 复制到这里。
- 配置 URL：填入 https://api.deepseek.com/chat/completions。
- 配置 Body：将 Body 下面的 model 对应的 Value 改为"deepseek-chat"，也可以将 Value 改为"deepseek-reasoner"，分别对应 DeepSeek-V3 和 DeepSeek-R1。按"Enter"键确认修改成功。这里只修改 model 即可，其他参数不用修改，最后单击"OK"按钮。

7.1.4　使用 DeepSeek

打开 DevEco Studio，在右边栏中找到 Proxy AI 选项，单击后配置模型，注意一定要选择刚才配置好的 Custom OpenAI，如图 7-6 所示。

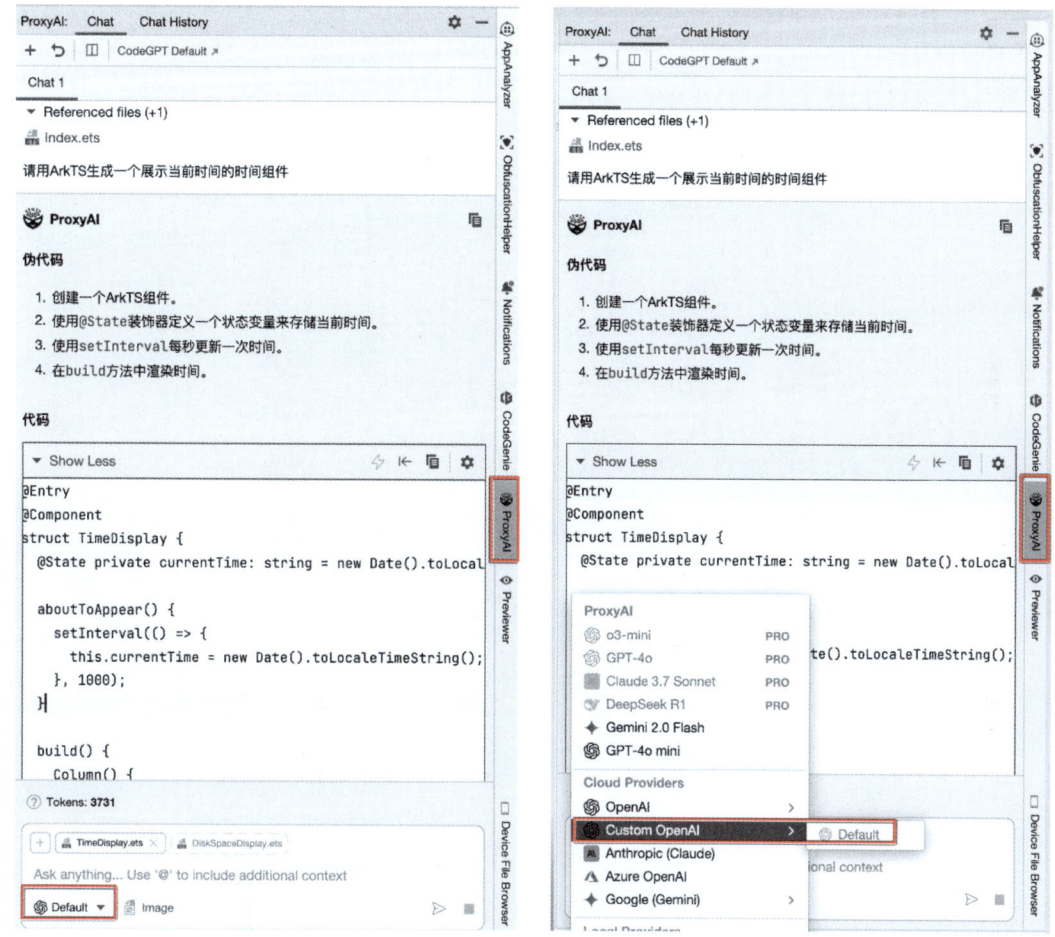

图 7-6　配置模型

　　选择模型后就可以使用 DeepSeek 了。例如，让 DeepSeek 用 ArkTS 生成一个展示时间组件，可以看到它给出的代码，如图 7-7 所示。

　　查看生成的代码 TimeDisplay.est，如图 7-8 所示。

　　需要注意的是，如果与 Proxy AI 的对话一直报错，那么建议先检查配置是否正确。如果配置无误，则在 DeepSeek 开放平台查看是否有余额。如果余额不足，则需要及时充值，如图 7-9 所示。

　　到此，DeepSeek 的使用方法已经介绍完毕，读者可以根据业务需要，让 DeepSeek 发挥更大的价值。

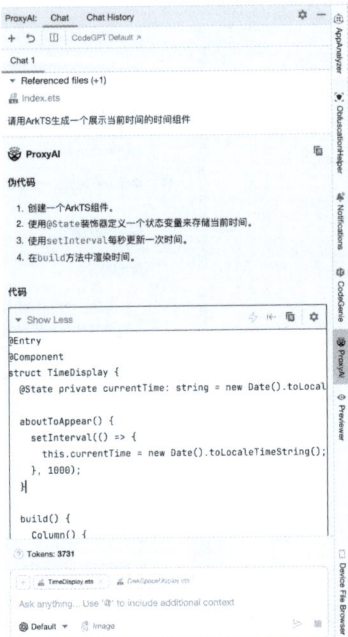

图 7-7　DeepSeek 生成的代码

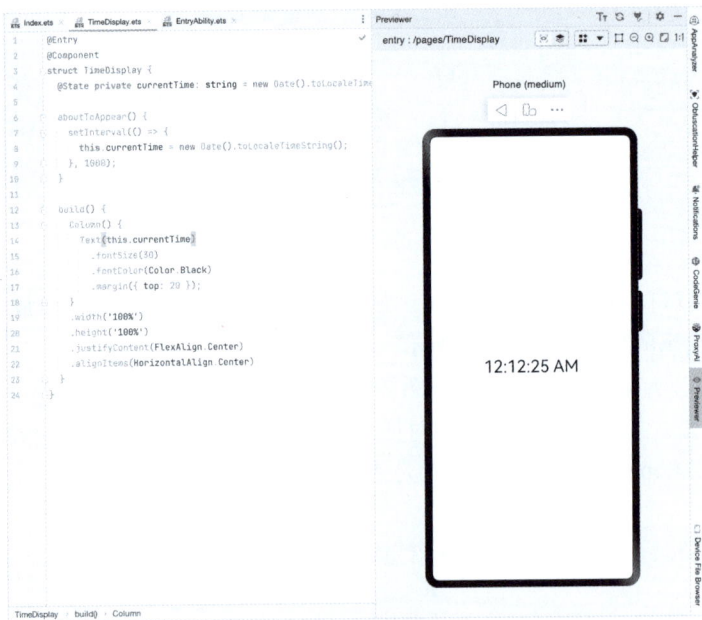

图 7-8　查看代码生成的 TimeDisplay.est

图 7-9　DeepSeek 开放平台余额展示

7.2　CodeGenie

7.2.1　下载 CodeGenie 安装包

在 HarmonyOS 官网中，单击"开发"按钮，再单击"下载"按钮，进入"下载中心"页面，找到 DevEco CodeGenie（以下简称 CodeGenie），下载对应的压缩包，如图 7-10 所示。

图 7-10　CodeGenie 下载页面

需要注意，下载的压缩包无须解压，存放路径不能包含中文，如图 7-11 所示。

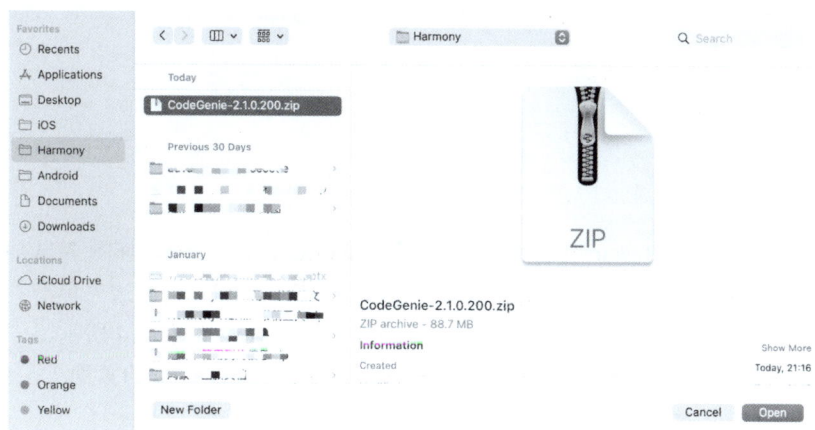

图 7-11　CodeGenie 的存放路径

7.2.2　安装 CodeGenie

打开 DevEco Studio，在菜单栏中找到插件入口，以 macOS 系统为例，选择"DevEco Studio"->"Preferences"菜单命令（在 Windows 系统中选择"File"->"Settings"菜单命令），在"Preferences"对话框的左侧列表中选择"Plugins"选项卡，单击"设置"按钮，在弹出的快捷菜单中选择"Install Plugin from Disk..."命令，如图 7-12 所示。在弹出的文件选择窗口中，选择前面下载的安装文件的压缩包，安装后，会弹出询问提示窗，单击"允许"即可。

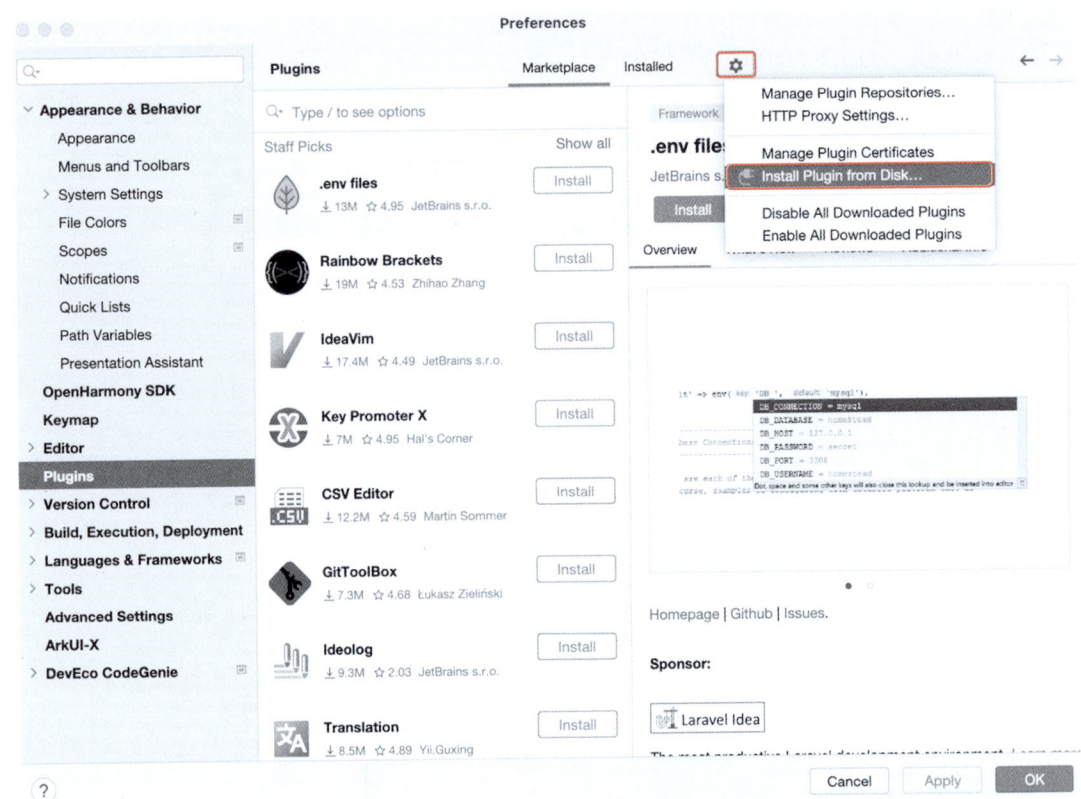

图 7-12　插件入口页面

安装完毕后，单击"Restart IDE"按钮，重新启动 DevEco Studio，如图 7-13 所示。

重启 DevEco Studio 后，打开任意一个工程，在 DevEco Studio 右侧边栏单击"CodeGenie"选项，如果看到 CodeGenie 的欢迎界面，则表示插件安装成功，如图 7-14 所示。

在欢迎页面单击"Sign In"按钮，登录之后就会看到 CodeGenie 的页面了，如图 7-15 所示。到此，CodeGenie 就可以使用了。

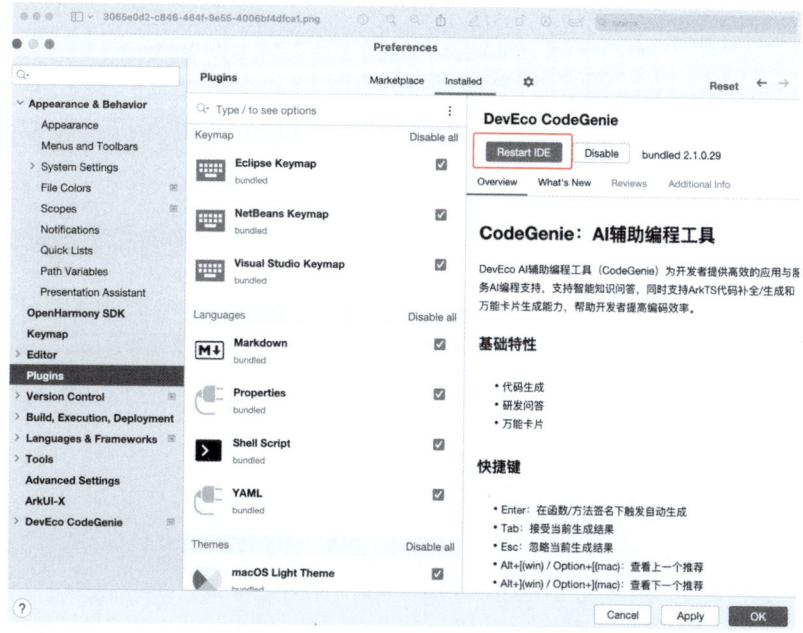

图 7-13　CodeGenie 安装完毕后重启

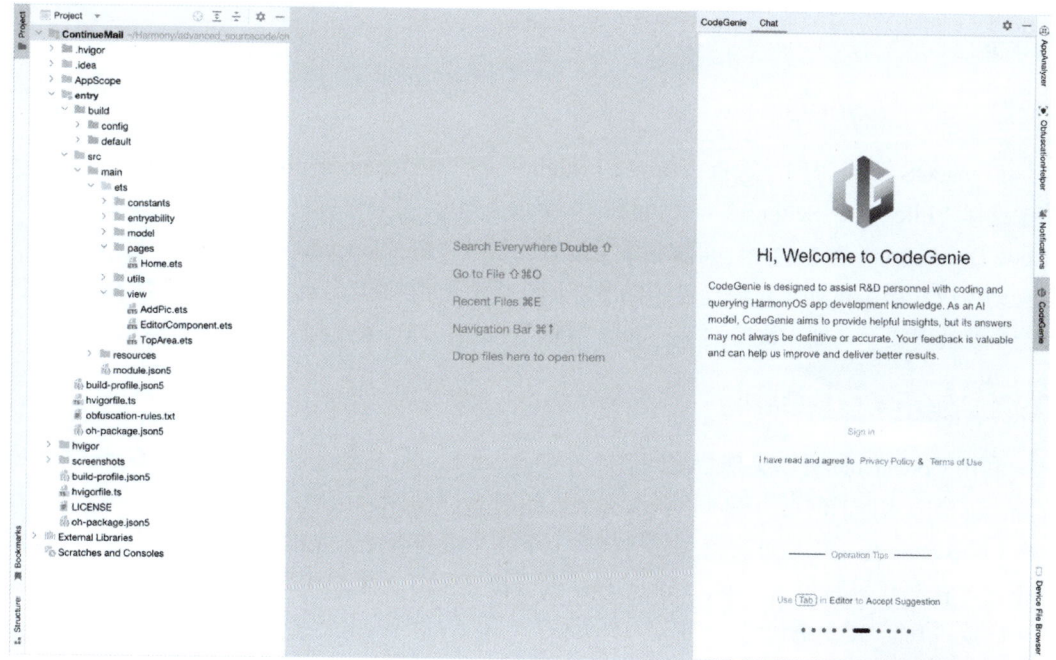

图 7-14　CodeGenie 欢迎页面

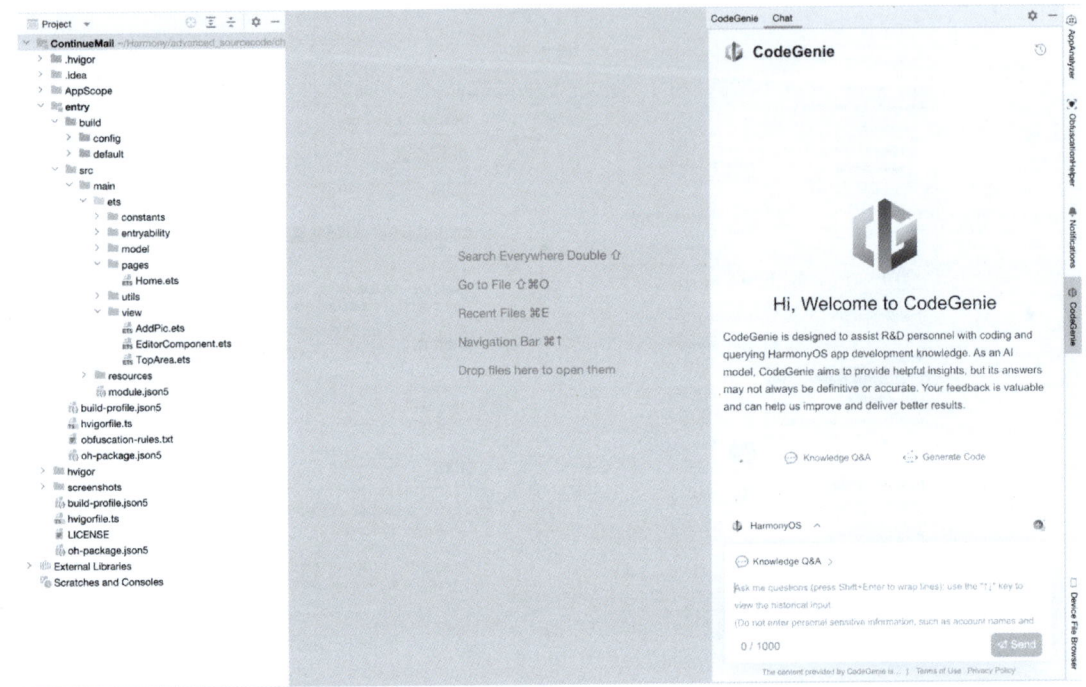

图 7-15　CodeGenie 页面

7.2.3　配置 CodeGenie

以 macOS 系统为例，选择"DevEco Studio"->"Preferences"菜单命令（在 Windows 系统中选择"File"->"Settings"->"Plugins"菜单命令），打开设置页面，选择"CodeGenie"->"Code Generation"菜单命令，可看到常见配置。勾选"Enable Code Generation"复选框，就可以自动生成代码了，如果对快捷键不熟悉，那么可以取消勾选"Do not disturb"复选框，这样就会有快捷键提示，便于快速上手。单击"OK"按钮，即可完成配置，如图 7-16 所示。

7.2.4　使用 CodeGenie

利用 CodeGenie 可以实现智能问答。在 DevEco Studio 右侧边栏单击"CodeGenie"选项，在输入框中输入你的问题，就可以获取答案，如图 7-17 所示。

CodeGenie 还可以通过理解和分析代码上下文生成符合上下文的代码，这需要比较丰富的上下文。在写代码时稍做停顿，CodeGenie 就会按照上下文生成代码，如果认可生成的代码，则可以按"Tab"键采纳代码，如图 7-18 所示。

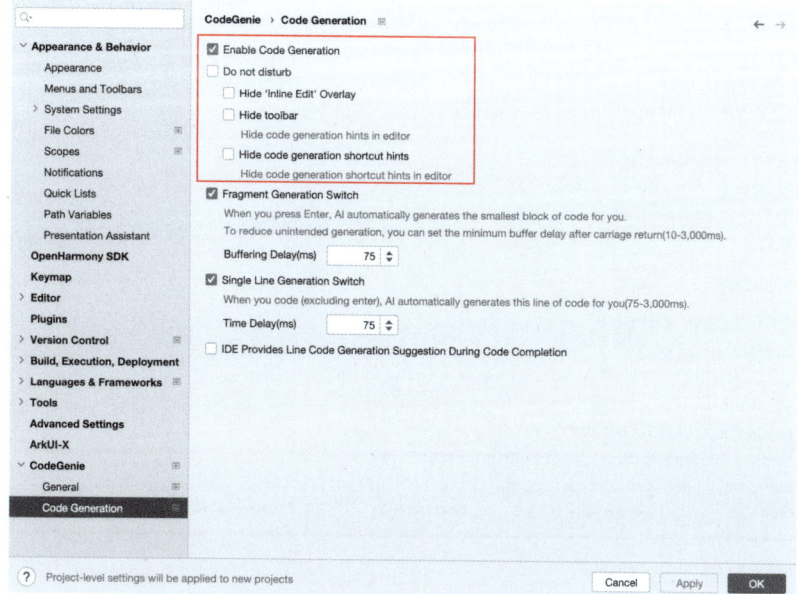

图 7-16　配置 CodeGenie 页面

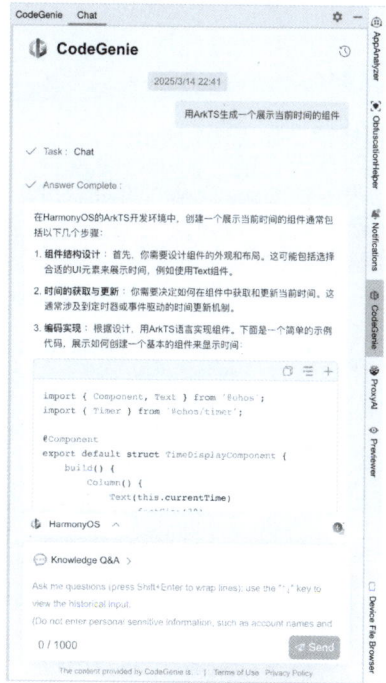

图 7-17　CodeGenie 智能问答

```
TextArea({ text: this.textContent, placeholder: $r(Click to enter text......) })
  .width(CommonConstants.FULL_PERCENT)
  .height(CommonConstants.FULL_PERCENT)
  .id(CommonConstants.TITLE_ID)
  .fontSize($r(16))
  .backgroundColor(Color.White)
  .constraintSize({ minHeight: $r(48) })
  .margin({
    top: $r(8)
  })
  .onFocus(() => {
    this.isShowToolbar = true;
    this.isKeyboard = true;
  })
  .onChange((textContent: string) => {
    this.textContent = textContent;
    AppStorage.set( textContent , textContent);
  }).padding({ left: $r('app.integer.common_size_16'), right: $r('app.integer.common_size_16') })
     ✓ Accept: Tab      ← Prev: Alt + [      → Next: Alt + ]      🔍 Regenerate: Alt + R   ⊟ Results: 1/1
}
.width(CommonConstants.FULL_PERCENT)
.height($r(500))
.margin({ bottom: $r(10) })
.layoutWeight(CommonConstants.DEFAULT_LAYOUT_WEIGHT)
.expandSafeArea([SafeAreaType.KEYBOARD])
}
```

图 7-18　CodeGenie 代码生成

以下是 CodeGenie 的常用快捷键，如表 7-1 所示。

表 7-1　CodeGenie 的常用快捷键

操　　作	macOS 系统	Windows 系统
触发多行代码生成	Enter、Option+C	Enter、Alt+C
触发单行代码生成	Option+X	Alt+X
采纳生成的代码	Tab	Tab
忽略生成的代码	Esc	Esc
查看上一个代码生成结果	Option +[	Alt + [
查看下一个代码生成结果	Option +]	Alt +]
重新生成代码内容（最多支持重新生成 5 次）	Option + R	Alt + R
展示 CodeGenie 面板	Option + U	Alt + U

CodeGenie 还可以自动生成万能卡片，在对话区域选择"Service Widget"选项，描述需求并发送即可，如图 7-19 所示。

单击"Send"按钮，就会看到面板中生成了几个卡片样式，选择第一个，单击"Save to Project"按钮，将其保存到工程，如图 7-20 所示。

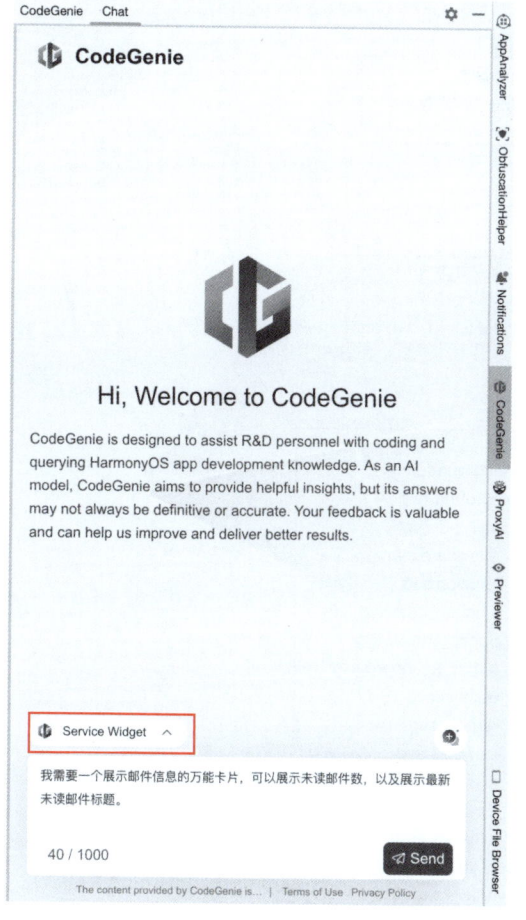

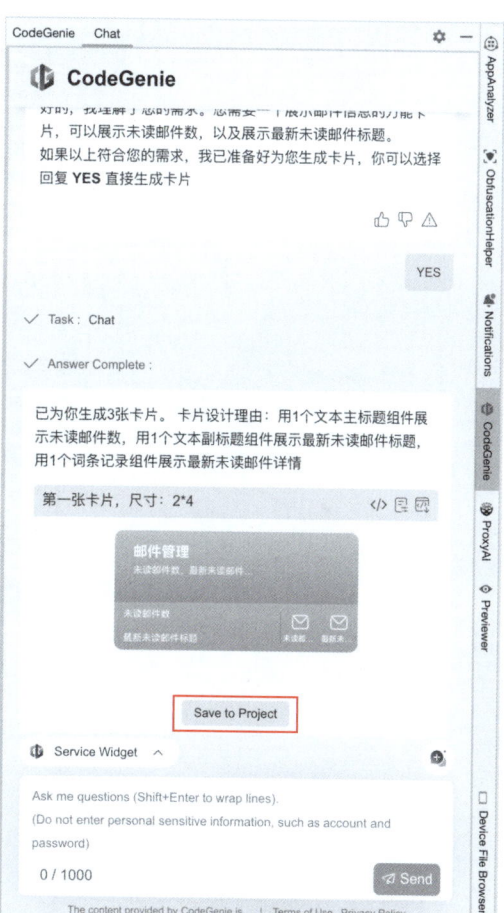

图 7-19　选择"Service Widget"选项

图 7-20　选择卡片样式

在工程里会看到多了很多文件，如图 7-21 所示。

其中，formcommon 目录用于存放生成卡片的逻辑代码，utils 目录用于存放工具类目录。下面介绍 formcommon 中文件的作用，如表 7-2 所示。

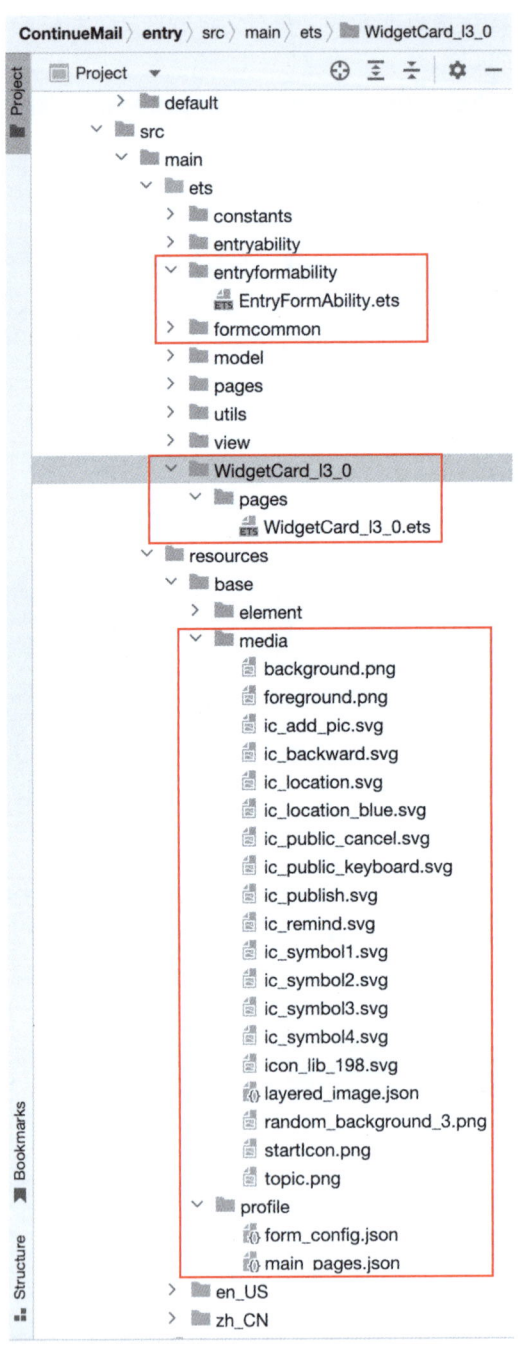

图 7-21　生成的文件

表 7-2　formcommon 中文件的作用

文　件	作　用
formsetting	存储用户的自定义配置文件,用于控制卡片刷新方式、数据解析及事件处理
- formdbsetting	数据库方式刷新卡片的配置参数和规则
formdbinfo/Index.ets	存储数据库查询参数、数据源信息,用于指定如何从数据库获取刷新数据
UserSetting.ets	自定义数据库数据解析规则、数据刷新规则及消息内容展示逻辑
- formhttpsetting	网络方式刷新卡片的配置参数和规则
formhttpinfo/Index.ets	存储网络请求的 URL 和 HTTP 相关配置,用于指定如何从网络获取刷新数据
UserSetting.ets	存储 HTTP 响应数据解析规则及刷新消息规则
-FormAction.ets	存放卡片相关事件被触发后的处理逻辑,如页面跳转、刷新等动作

直接运行生成的代码,然后在桌面上长按 icon,添加卡片,查看卡片样式,如图 7-22 所示。可以看到卡片符合预设样式,只需修改代码就可以展示真实邮件的数量了。

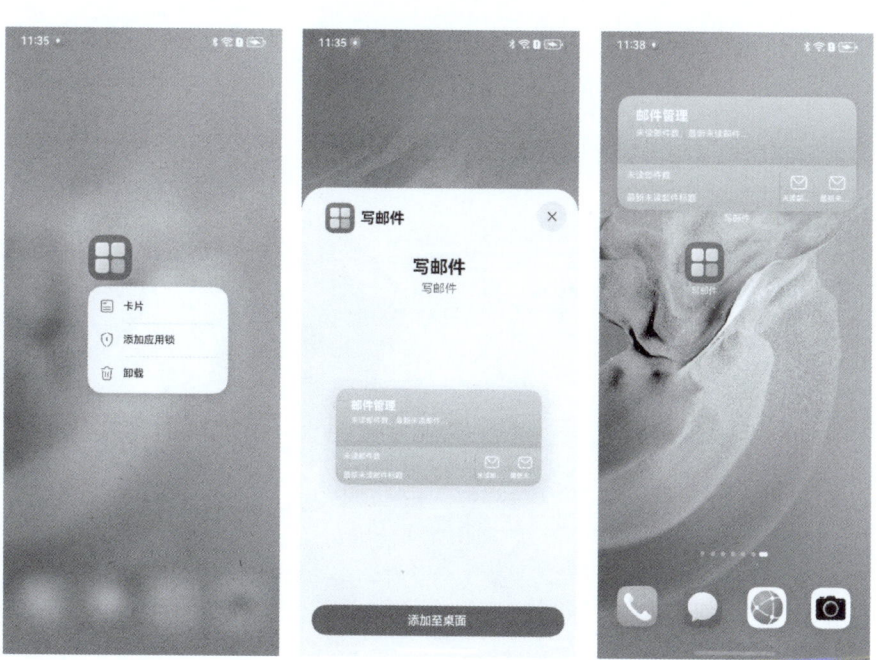

图 7-22　邮件卡片

至此,CodeGenie 的基本使用方法已介绍完毕,读者可以根据自己的需求,利用 CodeGenie 做更多的工作。

7.3　本章小结

　　本章介绍了使用华为 DevEco Studio 中提供的 AI 辅助工具 Proxy AI 和 CodeGenie 提高开发效率的方法。详细讲解了如何安装 Proxy AI 并在 Proxy AI 中配置广受关注的 DeepSeek 大语言模型，利用其强大的智能代码生成功能，可以显著简化 ArkTS 代码的编写过程。同时，介绍了如何安装和使用官方提供的 CodeGenie，帮助开发者更高效地完成代码生成、卡片配置等日常开发任务。通过这些 AI 辅助工具，开发者可以快速地提高 HarmonyOS 开发效率，更专注于业务逻辑的实现与创新。

第 8 章

性能分析与优化方法

在应用开发过程中，性能优化是必不可少的步骤。随着用户对应用流畅度和响应速度的要求越来越高，开发者在保证功能丰富性的同时，必须优化应用的性能，以提升用户体验。性能不佳的应用可能会出现启动缓慢、设备过热、电池消耗过快及系统崩溃等问题，这些问题直接导致应用的可用性降低，最终失去用户。本章将介绍如何写出优雅的代码，以确保应用的运行性能达到最佳状态。

8.1 性能评判标准

通常从应用的响应速度、流畅度、资源消耗和稳定性等维度评判应用的性能，一些常见的性能评判标准如下。

1. 启动性能

◇ 冷启动时间：从单击 App 图标到主界面加载完成的时间。启动时间越短，越能提供良好的用户体验。

◇ 热启动时间：App 从后台恢复到前台的时间，通常比冷启动时间更短，影响较小，但也需要优化。

◇ 评判标准：理想的启动时间应该低于 3s，过长的启动时间可能导致用户流失。

2. 响应性能

◇ UI 响应速度：当用户与 App 交互时，界面应快速响应，如应尽量避免单击按钮、滑动页面等动作的延迟。

◇ 触控延迟：指用户单击或滑动界面时，系统响应的延迟。一般来说，延迟超过 100 ms

可能会影响用户体验。

◇ 评判标准：UI 响应延迟应低于 100 ms，触控延迟应控制在 50 ms 以内。

3. 帧率和流畅度

◇ 帧率（Frames per Second，FPS）：表示每秒显示的帧数。流畅的 App 通常保持在 60 FPS，但在一些性能要求高的动画场景中，30 FPS 也可以接受。

◇ 掉帧：掉帧会导致动画或滚动不流畅，严重影响用户体验。掉帧的原因通常是处理器负载过高或渲染效率低。

◇ 评判标准：理想的帧率为 60 FPS，掉帧率不应超过 1%。

4. 内存和 CPU 使用

◇ 内存消耗：App 在运行过程中占用的内存大小。高内存消耗会导致设备性能下降，甚至崩溃。

◇ CPU 消耗：高 CPU 占用会导致设备发热，耗电增加，并可能造成卡顿。优化 App 时，应尽量减少 CPU 的高峰消耗。

◇ 评判标准：内存消耗应控制在合理范围内，尤其是对于低内存设备，不应超过 100 MB（根据 App 复杂度而定）；CPU 占用率应尽量保持在 30% 以下，以避免频繁出现高负载。

5. 电池消耗

◇ 电池消耗：App 在运行时对设备电池的消耗，一个优化良好的 App 不会造成不必要的电池消耗，尤其是在后台运行时。

◇ 后台活动：某些 App 在后台频繁进行更新、推送、定位等操作，会导致电池快速耗尽。

◇ 评判标准：App 的电池消耗应尽量保持低于其他应用的平均水平。避免在不需要的时候进行频繁的后台活动。

6. 网络性能

◇ 加载速度：App 在进行网络请求时，响应的速度和稳定性至关重要，过长的网络请求时间会导致界面卡顿和用户流失。

◇ 带宽利用率：对于数据量大的 App，网络请求的带宽消耗需要尽量优化，减少不必要的数据传输。

◇ 评判标准：理想的响应时间应小于 1s，数据加载时间不应超过 2s。

7. 存储性能

◇ 磁盘读写：App 对本地存储的读写操作应尽量优化，避免频繁地访问磁盘和存储大量数据，以免影响应用性能。

◇ 数据库优化：如果 App 使用数据库，那么查询效率、插入效率等需要优化，以避免因
数据量增加而导致性能下降。

◇ 评判标准：文件读写操作应保持高效，数据库查询应优化，避免全表扫描等低效
操作。

8. 崩溃率和稳定性

◇ 崩溃率：应用的崩溃率是衡量应用稳定性的重要指标。一个稳定的应用应该具备较低
的崩溃率。

◇ ANR（Application Not Responding）：ANR 指应用卡顿导致用户无法进行任何操作，
通常是因为主线程被阻塞的时间过长。

◇ 评判标准：崩溃率应尽量控制在 1% 以下，ANR 频率应保持在最低，避免阻塞主
线程。

开发者在日常工作中，需要持续输出优雅、健壮的代码。然而，由于项目迭代时间较长、
参与人员众多等问题，可能存在一些历史代码包袱，导致应用的性能较差。因此，需要进行性
能优化，下面将从以下常见维度进行分析。

8.2 代码写法推荐

8.2.1 声明与表达式

推荐使用 const 声明后续不再变化的变量。

```typescript
const allcount = 100; // 如果该变量在后续过程中不再发生改变，则需要声明成常量
```

针对 number 类型，避免在初始化后改变数据类型。

```typescript
let intCount = 1;
intCount = 1.1;   // 该变量在声明时为整型数据，建议后续不要赋值浮点型数据

let doubleCount = 1.1;
doubleCount = 1;   // 该变量在声明时为浮点型数据，建议后续不要赋值整型数据
```

8.2.2 数值计算避免溢出

为了避免数值计算溢出，在进行加法、减法、乘法、指数运算等运算操作时，应避免数值
大于 INT32_MAX 或小于 INT32_MIN。当进行 &（and）、>>>（无符号右移）等运算操作时，
应避免数值大于 INT32_MAX。

```typescript
function safe_add(a: number = 0, b: number = 0): number {
  if (a > INT32_MAX - b) {
      return INT32_MAX; // 确保数值不会溢出
   }
  return a + b;
}
```

8.2.3 提取常量减少访问次数

在循环操作中需要进行一些常量的访问操作，如果常量在循环中不会改变，则可以将其提取到循环外部，从而减少属性访问的次数。使用以下代码，对 Time.info[num - Time.start] 进行常量提取操作，可以大幅减少对属性的访问次数，从而提高性能并带来明显的收益。

```typescript
class Time {
  static start: number = 0;
  static info: number[] = [1, 2, 3, 4, 5, 6, 7, 8, 9, 10, 11, 12];
}
// 优化前代码
function getNum(num: number): number {
  let total: number = 348;
  for (let index: number = 0x8000; index > 0x8; index >>= 1) {
    // 此处会多次对 Time 的 info 和 start 进行查找，并且每次查找出来的值都是相同的
    total += ((Time.info[num - Time.start] & index) !== 0) ? 1 : 0;
  }
  return total;
}

// 优化后代码
function getNum(num: number): number {
  let total: number = 348;
  const info = Time.info[num - Time.start];   // 从循环中提取常量
  for (let index: number = 0x8000; index > 0x8; index >>= 1) {
    if ((info & index) != 0) {
      total++;
    }
  }
  return total;
}
```

8.2.4 函数优化

在性能敏感场景中，由于使用闭包会带来额外的闭包创建和访问开销，因此建议使用参数传递函数外的变量来替代闭包。

```typescript
let arr = [0, 1, 2];

// 优化前
function foo(): number {
  return arr[0] + arr[1];
}
foo();

// 优化后
function foo(array: number[]): number {
  return array[0] + array[1];
}

foo(arr);
```

减少使用可选参数，因为函数的可选参数表示参数可能为 undefined，当在函数内部使用该参数时，需要进行非空值的判断，会产生额外的开销。

```typescript
// 优化前
function add(left?: number, right?: number): number | undefined {
  if (left != undefined && right != undefined) {
    return left + right;
  }
  return undefined;
}

// 优化后，声明为必选参数
function add(left: number = 0, right: number = 0): number {
  return left + right;
}
```

8.2.5　数组用法推荐

如果是纯数值计算的场景，则推荐使用 TypedArray 数据结构。

```typescript
// 优化前
const arr1 = new Array<number>([1, 2, 3]);
const arr2 = new Array<number>([4, 5, 6]);
let res = new Array<number>(3);
for (let i = 0; i < 3; i++) {
  res[i] = arr1[i] + arr2[i];
}

// 优化后
const typedArray1 = new Int8Array([1, 2, 3]);
```

```
const typedArray2 = new Int8Array([4, 5, 6]);
let res = new Int8Array(3);
for (let i = 0; i < 3; i++) {
  res[i] = typedArray1[i] + typedArray2[i];
}
```

数组分为线性数组和稀疏数组，线性数组是指以连续的内存块存储数据的数组，这种数组的元素按顺序填充，并通过偏移量进行访问，访问速度快，内存占用也较少。当数组中的元素不按顺序填充，存在大部分未定义的索引时，数组会变成稀疏数组。稀疏数组通常采用哈希表在内存中以键值对的形式存储元素，未填充的索引会被跳过。稀疏数组的缺点是访问速度较慢且内存效率低，因此要避免使用。

```typescript
// 紧凑数组，按顺序存储
let count = 100000;
let result: number[] = new Array(count);

// 直接将一个元素赋值到非连续索引，数组变成稀疏数组
let result: number[] = new Array();
result[9999] = 0;
```

当数组中的元素类型不一致时，例如混合了整型数据和浮点型数据，或者数值和字符串，会引发性能和类型安全性的问题。在 TypeScript 中，使用联合类型数组可能导致性能降低，并增加代码出错的风险。

```typescript
// 联合类型数组，包含数字和字符串
let arrUnion: (number | string)[] = [1, 'hello'];

// 数值数组中混合使用整型数据和浮点型数据
let arrNum: number[] = [1, 1.1, 2];

// 推荐写法：存储整数的数组
let arrInt: number[] = [1, 2, 3];
// 推荐写法：存储浮点数的数组
let arrDouble: number[] = [0.1, 0.2, 0.3];
// 推荐写法：存储字符串的数组
let arrString: string[] = ['hello', 'world'];
```

8.2.6 避免频繁抛出异常

抛出异常是一种强制中断当前程序流并跳转到异常处理逻辑的机制。虽然在处理错误和异常时非常有用，但在性能敏感的场景下，尤其是在循环中频繁抛出异常时，这种操作可能带来较大的性能损耗。当每次抛出异常时，系统都会构造异常的栈帧，增加额外的内存开销，并且影响程序的执行效率。可以通过常规检查来避免抛出异常，如使用条件判断来替代抛出异常。

这不仅可以减少栈帧的创建，还可以提高代码执行的速度和效率。

```typescript
// 优化前
function div(a: number, b: number): number {
  if (a <= 0 || b <= 0) {
    throw new Error('Invalid numbers.')
  }
  return a / b
}

function sum(num: number): number {
  let sum = 0
  try {
    for (let t = 1; t < 100; t++) {
      sum += div(t, num)
    }
  } catch (e) {
    console.log(e.message)
  }
  return sum
}

// 优化后
function div(a: number, b: number): number {
  if (a <= 0 || b <= 0) {
    // 直接返回 0，而不是抛出异常
    return 0
  }
  return a / b
}

function sum(num: number): number {
  // 提前验证
  if (num <= 0) {
    console.log('Invalid number.');
    return 0;
  }

  let sum = 0;
  for (let t = 1; t < 100; t++) {
    sum += div(t, num);
  }
  return sum;
}
```

8.2.7   避免在高频回调中进行冗余耗时操作

onDidScroll 等高频回调过程在绘制每帧时都会被触发，如果在这些回调中执行耗时操作或打印日志，则会显著影响系统的性能，增加 CPU 负载，降低应用的流畅度。以下代码在 onDidScroll 回调中进行了循环计算，可能会导致页面响应速度变慢。

```typescript
@Component
struct TestOnDidScroll {
  private arr: number[] = [1, 2, 3, 4, 5, 6, 7, 8, 9, 10];

  build() {
    Scroll() {
      ForEach(this.arr, (item: number) => {
        Text("Item" + item)
          .width("100%")
          .height("100%")
      }, (item: number) => item.toString())
    }
    .width('100%')
    .height('100%')
    .onDidScroll(() => {
      // 模拟复杂计算，影响滚动流畅度 let sum = 0;
      for (let i = 0; i <
100000; i++) {
        sum += i;
      }
      console.log("Sum:", sum);
    })
  }
}
```

8.2.8   避免在高频回调中打印 Trace 日志

Trace（跟踪）日志通常用于性能分析和调试，但在高频回调中打印 Trace 日志会增加 CPU 的计算量，占用主线程，从而导致页面响应变慢。在以下代码中，在 onDidScroll 回调里直接 hiTraceMeter 打印会影响性能。如果需要打印，那么可以通过一些条件来减少 Trace 的执行次数。

```typescript
// 优化前代码：每次回调都打印
@Component
struct TestOnDidScroll {
  private arr: number[] = [1, 2, 3, 4, 5, 6, 7, 8, 9, 10];

  build() {
    Scroll() {
```

```
      ForEach(this.arr, (item: number) => {
        Text("Item" + item)
          .width("100%")
          .height("100%")
      }, (item: number) => item.toString())
    }
    .width('100%')
    .height('100%')
    .onDidScroll(() => {
      // 在高频回调中打印 Trace 日志，会影响性能
      hiTraceMeter.startTrace("ScrollSlide", 1002);
      hiTraceMeter.finishTrace("ScrollSlide", 1002);
    })
  }
}

// 优化后代码：减少打印执行次数
@Component
struct TestOnDidScroll {
  private arr: number[] = [1, 2, 3, 4, 5, 6, 7, 8, 9, 10];

  build() {
    Scroll() {
      ForEach(this.arr, (item: number) => {
        Text("Item" + item)
          .width("100%")
          .height("100%")
      }, (item: number) => item.toString())
    }
    .width('100%')
    .height('100%')
    .onDidScroll(() => {
      // 只有 10% 的概率执行 Trace，降低性能消耗
      if (Math.random() < 0.1) {

        hiTraceMeter.startTrace("ScrollSlide", 1002);
        hiTraceMeter.finishTrace("ScrollSlide", 1002);

      }
    })
  }
}
```

8.3　UI 布局优化

在开发过程中，布局性能直接影响到应用的流畅度和响应速度，特别是在涉及复杂界面和

动态布局的场景中，合理管理布局的嵌套层次、优化组件的渲染效率，以及选择合适的布局方式，能够显著提升应用的性能。可以通过简化布局、避免冗余组件、选择合适的布局容器等方式，达到优化布局性能和减少内存占用的目的。

8.3.1　移除冗余布局嵌套

冗余的嵌套层级会给布局带来不必要的开销，特别是在 Row、Column 和 Stack 等容器中。如果嵌套层级过多，则会导致不必要的计算和绘制。

```typescript
// 优化前: 冗余的 Row 嵌套，导致不必要的渲染负担
Row() {
  Row() {
    Text("Item 1")
    Text("Item 2")
  }
  Text("Item 3")
}

// 优化后: 减少冗余嵌套，简化布局
Row() {
  Text("Item 1")
  Text("Item 2")
  Text("Item 3")
}
```

在布局实现中，会经常使用多个自定义组件，这些组件的 build 函数可能包含不必要的外层容器嵌套。通过删除无用的容器，可以减少布局的层级，从而提高渲染效率。

```typescript
// 优化前
@Entry
@Component
struct ComponentOne {
  build() {
    Column() {
      ComponentTwo();
    }
  }
}

@Component
struct ComponentTwo {
  build() {
    Column() {
```

```
      Text('ComponentTwo');
    }
  }
}

// 优化后：删除冗余的外层容器
@Entry
@Component
struct ComponentOne {
  build() {
    Column() {
      ComponentTwo();
    }
  }
}

@Component
struct ComponentTwo {
  build() {
    Text('ComponentTwo');
  }
}
```

8.3.2　通过扁平化布局减少节点数

扁平化布局可以减少不必要的嵌套层级，使组件树更加简洁。由于 Flex 布局会引入额外的二次布局计算，它的性能低于 Column 和 Row 容器，因此要避免使用性能较差的 Flex 布局，改用 Column 或 Row 进行线性布局，从而提高布局的渲染效率。

```typescript
// 优化前：使用 Flex 布局会引入额外的计算开销
@Entry
@Component
struct TestComponent {
  build() {
    Flex({ direction: FlexDirection.Column }) {
      Flex().width(200).height(100).backgroundColor(Color.Black)
      Flex().width(200).height(100).backgroundColor(Color.Grey)
    }
  }
}

// 优化后：使用 Column 和 Row 替代 Flex，简化布局
@Entry
@Component
struct TestComponent {
```

```
build() {
  Column() {
    Row().width(200).height(100).backgroundColor(Color.Black)
    Row().width(200).height(100).backgroundColor(Color.Grey)
  }
}
}
```

8.3.3　使用合适的布局容器进行复杂布局

在开发复杂布局时，合理使用布局容器和组件，可以有效提高布局的效率。针对不同的布局场景，使用合适的布局方式可以避免不必要的性能损耗，比如可以使用 Flex 构建弹性布局以适配不同尺寸的屏幕，灵活调整布局。当需要展示大量数据并滑动显示时，可以使用 List 和 Grid 容器来实现。

```typescript
// 优化前：布局过于复杂，导致存在性能问题
@Entry
@Component
struct ExamplePage {
  @State children: Number[] = Array.from(Array<number>(900), (v, k) => k);

  build() {
    Scroll() {
      Grid() {
        ForEach(this.children, (item: Number[]) => {
          GridItem() {
            Stack() {

              Stack() {

                Stack() {

                  Text(item.toString())
                }.size({ width: "100%"})
              }.backgroundColor(Color.Yellow)
            }.backgroundColor(Color.Pink)
          }

        }, (item: string) => item)
      }

      .columnsTemplate('ExamplePage')
      .columnsGap(0)
      .rowsGap(0)
      .size({ width: "100%", height: "100%" })
```

```
}
    }
}

// 优化后：避免不必要的 Stack 嵌套，简化布局结构
@Entry
@Component
struct ExamplePage {
  @State children: Number[] = Array.from(Array<number>(900), (v, k) => k);

  build() {

    Scroll() {

      Grid() {

        ForEach(this.children, (item: Number[]) => {

          GridItem() {

            Text(item.toString())
          }.backgroundColor(Color.Yellow)
        }, (item: string) => item)
      }

      .columnsTemplate('ExamplePage')
      .columnsGap(0)
      .rowsGap(0)
      .size({ width: "100%", height: "100%" })

    }
  }
}
```

8.4　使用预加载

8.4.1　Web 页面预加载

　　当遇到 Web 页面加载较慢的场景时，可以通过预解析、预连接、预加载等方式加速 Web 页面的访问。这种加速方式的整体思路是通过提前准备页面资源，提高页面的启动速度和响应速度，从而减少用户的等待时间。在 Web 组件的 onAppear 事件中，可以使用 prepareForPageLoad() 方法提前进行页面的预连接。此方法可以加速页面加载，通过预连接、解

析 DNS，或者准备 WebSocket 来减少加载时的延迟。

```typescript
import { webview } from '@kit.ArkWeb';

@Entry
@Component
struct WebComponent {
  webviewController: webview.WebviewController = new webview.WebviewController();

  build() {
    Column() {
      Button('loadData')
        .onClick(() => {
          if (this.webviewController.accessBackward()) {
            this.webviewController.backward();
          }
        })
      Web({ src: 'https://***www.example.com/', controller: this.webviewController })
        .onAppear(() => {
          // 指定第二个参数为 true，代表需要进行预连接，如果该参数为 false，则该接口只会对网址进行 DNS 预解析
          // 第三个参数为要预连接的 Socket 的个数，最多允许 6 个
          webview.WebviewController.prepareForPageLoad('https://***www.harmonytest.com/', true, 2);
        })
    }
  }
}
```

通过调用 initializeWebEngine() 方法提前初始化 Web 引擎，能够在页面加载前准备好 Web 引擎，从而加快页面的访问速度。这种方式特别适合对首页进行预加载，以提高首屏加载速度。

```typescript
import { webview } from '@kit.ArkWeb';
import { AbilityConstant, UIAbility, Want } from '@kit.AbilityKit';

export default class EntryAbility extends UIAbility {
  // 在 onCreate 初始化 Web 引擎
  onCreate(want: Want, launchParam: AbilityConstant.LaunchParam) {
    webview.WebviewController.initializeWebEngine();
    // 预连接
    webview.WebviewController.prepareForPageLoad("https://***www.harmonytest.com/", true, 2);
    AppStorage.setOrCreate("abilityWant", want);
  }
}
```

　　预加载是指在用户即将访问某个页面或页面资源时，预测用户的行为并提前将相关资源下载到本地缓存中，以加速页面加载的过程。prefetchPage() 方法可以在用户还未访问某个页面时，提前下载该页面的主资源和子资源，但不会执行该页面的 JavaScript 代码。这样可以确保当用户访问时，页面内容已经准备就绪。

```typescript
import { webview } from '@kit.ArkWeb';

@Entry
@Component
struct WebComponent {
  webviewController: webview.WebviewController = new webview.WebviewController();

  build() {
    Column() {
      Web({ src: 'https://***www.example.com/', controller: this.webviewController })
        .onPageEnd(() => {
          // 通过 prefetchPage 预加载
        this.webviewController.prefetchPage('https://***www.harmonytest.com/hot/
example-domains');
        })
    }
  }
}
```

8.4.2　长列表页面预加载

　　在处理包含大量数据的流式页面时，如 List、Swiper 和 Grid 等，为了提高页面滚动时的流畅度和响应速度，可以使用 cachedCount 属性预加载数据。cachedCount 属性决定了在可视区域之外预加载的元素数量，通过合理设置 cachedCount，可以提前加载即将显示的内容，减少滑动时出现白块的问题，提高滚动流畅度。

```typescript
// List 用法
List() {

}.cachedCount(5) // 提前加载后 5 项的内容

// Swiper 的用法
Swiper() {

}.cachedCount(1) // 提前加载后 1 项的内容

// Grid 的用法
Grid() {
```

```
}.cachedCount(2)  //  提前加载后 2 项的内容
```

8.4.3　骨架屏

当需要呈现一些复杂页面时，如用户主页、商品详情页，由于呈现的内容太多，可能会导致页面的响应出现延时，这时就可以使用骨架屏来实现。骨架屏是一种在页面加载过程中，以占位符形式展示的页面结构，它会显示简单的纯色块和线条，进入页面先展示骨架屏，等数据加载完毕后再展示具体页面。用户在等待内容加载时可以获得视觉反馈，感受到页面加载的进度，进而提升体验，如图 8-1 所示。

The verb to design expresses the process of developing a design.

The verb to design expresses the process of developing a design.

图 8-1　骨架屏和内容加载示例

8.5　利用缓存

8.5.1　组件复用

在展示大量数据或动态更新界面时，特别是在 UI 线程面临帧率瓶颈的情况下，频繁地创建和销毁组件视图可能会导致性能问题。为了提高应用的流畅度，降低性能瓶颈，组件复用成为一种关键的优化策略。

HarmonyOS 的组件复用机制允许开发者重用已经创建的组件，而不是每次都重新创建组件。当一个组件从组件树中移除时，它不会被立刻销毁，而是进入回收缓存区。在创建新组件时，系统会优先从缓存区中获取已经存在的组件并重新使用，从而节省重新创建组件的时间。以如下代码为例，使用 @Reusable 创建了一个可复用的组件。

```typescript
// 数据源类
class TestDataSource implements IDataSource {
  private dataList: string[] = [];
  private listener: DataChangeListener | undefined;
  // 其他数据操作
  pushData(item: string) {
```

```
      this.dataList.push(item);
      this.listener?.onDataChanged();
    }
}

@Entry
@Component
struct MyComponent {
  private data: TestDataSource = new TestDataSource();

  // 初始化数据
  aboutToAppear() {
    for (let i = 0; i < 1000; i++) {
      this.data.pushData(i.toString());
    }
  }

  build() {
    List({ space: 3 }) {
      LazyForEach(this.data, (item: string) => {
        ListItem() {
          // 复用子组件
          ReusableCell({ item: item })
        }
      }, (item: string) => item)
    }
    .width('100%')
    .height('100%')
  }
}

// 可复用的子组件
@Reusable
@Component
struct ReusableCell {
  @State item: string = '';

  // 在复用时触发的生命周期
  aboutToReuse(params: ESObject) {
    this.item = params.item;
  }

  build() {
    Row() {
      Text(this.item)
        .fontSize(14)
```

```
            .margin({ left: 20 })
      }.margin({ left: 20, right: 20 })
  }
}
```

8.5.2 数据缓存

冷启动打开 App 时，通常会因为网络状况不佳请求不到数据而出现白屏或者骨架屏加载时间较长的问题，此时可以使用本地缓存机制提高数据的加载速度。图 8-2 所示为数据缓存完整流程。

- 应用冷启动后先从本地缓存中加载数据，如果有本地缓存数据，那么即使没有网络，用户也可以看到内容。如果没有本地缓存数据，就可以展示骨架屏。
- 在本地数据渲染的同时异步发起网络请求，获取最新数据。
- 如果获取到最新数据，则使用最新数据更新页面并存入本地缓存，如果没有获取到最新数据，则可以给用户提示。
- 再次启动应用时，可以直接使用最新缓存的数据，从而避免出现白屏。

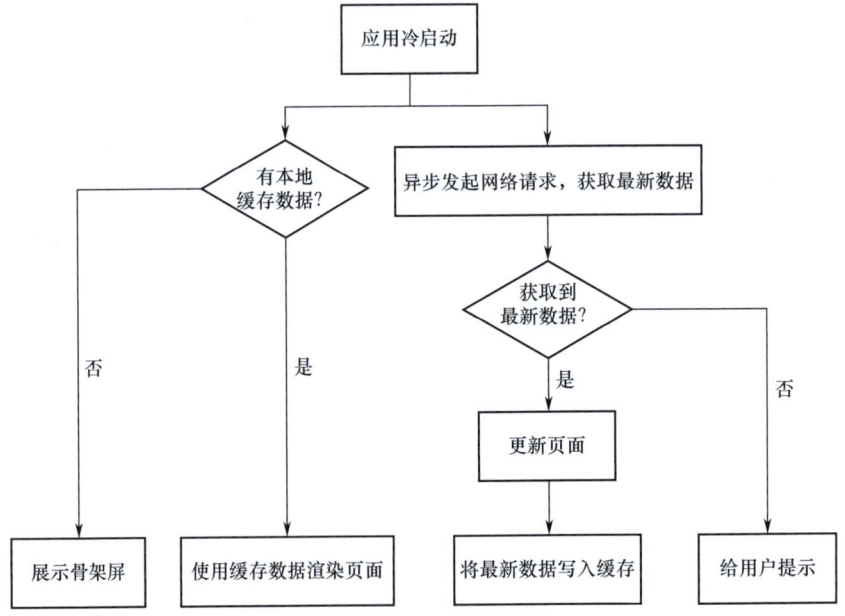

图 8-2　数据缓存流程图

上述流程对应的示例代码如下。

```typescript
import storage from '@ohos.data.storage';
```

```
const CACHE_KEY = 'home_page_data';

@Entry
@Component
struct HomePage {
  @State homeData: string = 'Loading...';

  /**
   * 读取本地缓存数据
   */
  loadHomePageDataFromCache(): string | null {
    let context = getContext();
    let storageInstance = storage.getStorageSync(context, 'cache_storage');
    return storageInstance.hasKey(CACHE_KEY) ? storageInstance.get(CACHE_KEY) : null;
  }

  /**
   * 将最新的首页数据保存到本地缓存
   */
  saveHomePageDataToCache(data: string) {
    let context = getContext();
    let storageInstance = storage.getStorageSync(context, 'cache_storage');
    storageInstance.set(CACHE_KEY, data);
    storageInstance.flushSync();
  }

  /**
   * 组件生命周期方法：首次加载时读取缓存，并异步获取最新数据
   */
  aboutToAppear() {
    // 1. 优先加载本地缓存
    let cachedData = this.loadHomePageDataFromCache();
    if (cachedData) {
      this.homeData = cachedData; // 先展示缓存数据
    }

    // 2. 后台请求最新数据
    fetch("https://***api.example.com/home")
      .then(response => {
        if (!response.ok) {
          throw new Error('HTTP Error: ${response.status}');
        }
        return response.json();
      })
      .then(data => {
```

```
        this.homeData = data;  // 更新 UI
        this.saveHomePageDataToCache(data); // 存入本地缓存
      })
      .catch(error => console.error("Failed to load data:", error));
  }


  /**
   * UI 渲染
   */
  build() {
    Column() {
      Text(this.homeData).fontSize(18);
    }
  }
}
```

8.6 本章小结

本章重点探讨了提高应用性能的一些策略，从基本的代码推荐写法、常用的布局优化、使用数据预加载或者数据缓存等维度进行分析。性能优化是一个持续的过程，需要开发者在实际工作中根据不同的场景综合运用各种优化手段。合理的优化策略不仅能让应用在弱网环境中提供良好的用户体验，还能减少不必要的计算，提高资源利用率，最终提升用户满意度。

习　　题

8.1　在高频回调（如 onDidScroll）中，如何优化性能，避免 UI 卡顿？

答案提示：高频回调在绘制每帧时都会被触发，因此在其中执行耗时操作，如日志打印、大量计算、网络请求等会导致 UI 卡顿，影响流畅度。应该减少日志的打印次数，避免密集计算。

8.2　在列表渲染优化中，为什么使用 @Reusable 可以提高性能？

答案提示：@Reusable 允许组件进入回收缓存区，在后续需要创建新组件时，会优先复用缓存中的组件，减少不必要的 UI 组件创建和销毁操作，提高性能。

第 9 章
模块化架构与组件解耦

在大型应用中，组件化是解耦、复用、协作开发的关键架构策略。HarmonyOS 提供了静态共享包（Harmeny Archive，HAR）与动态共享包（Harmeny Shared Package，HSP）机制，使开发者可以按需构建、按需加载，并具备跨模块复用、模块独立更新、远程仓发布等特性。本章将介绍 HarmonyOS 的共享包机制，旨在构建真正可扩展、可演进的纯血鸿蒙应用架构。

9.1　组件化开发的核心理念

随着应用体量的不断扩大和功能复杂度的提升，组件化开发已成为现代应用架构中不可或缺的实践方式。它强调将应用划分为多个职责单一、逻辑清晰、相互独立的模块，像搭积木一样组合出完整的应用。组件化开发的核心理念可以概括为以下三点。

- 高内聚：每个组件只关注自己的职责范围，内部逻辑紧密，独立完成特定任务。
- 低耦合：组件之间通过明确的接口通信，尽量避免直接依赖。
- 可复用、可替换、可独立演进：组件可以在多个项目中复用，必要时也可以独立更新或替换。

9.1.1　为什么需要组件化

开发应用时普遍面对以下需求。

- 多业务模块（如首页、商城、视频、个人中心等）。
- 多终端部署（如手机、平板、车机等）。
- 多团队并行开发（如 UI 组、业务组、平台组等）。
- 持续演进与功能下发（如节日彩蛋、活动页等）。

如果所有代码都堆积在一个模块中，那么必然导致代码冗余、协作困难、维护成本高。此时，引入组件化架构就成为解决方案的关键。组件化技术不仅能够提高代码结构的清晰度和可维护性，还大大提高了团队的协作效率，支持多人并行开发、独立测试和迭代发布。

9.1.2　组件化载体：共享包机制

HarmonyOS 原生支持组件化架构，提供了以下两种共享包机制。
- 静态共享包（HAR）：封装基础功能，如 UI 组件、工具类、资源等，在编译时集成。
- 动态共享包（HSP）：封装可独立运行的功能模块，如商城、视频、游戏中心，可动态下载。

开发者使用这两种共享包形式，能够灵活地构建自己的组件体系，既可实现高频、强依赖模块的共享，也能支持低频、大体积模块的按需加载，从而实现真正意义上的组件化开发。

9.2　组件化机制：共享包

HarmonyOS 在系统架构层面原生支持组件化开发，开发者可以通过共享包机制将应用拆分为多个功能明确、结构清晰的模块。这些共享包可以被主模块或其他模块引用，从而构建一个高内聚、低耦合的模块化系统。共享包分为两类：静态共享包和动态共享包，二者分别适用于不同的组件化场景。

9.3　静态共享包

静态共享包是最常用的共享包形式，它是一种编译时集成的静态模块，不能独立运行，但可以被其他模块（如 entry 或 feature）作为依赖项引用。静态共享包适用于封装与主模块密不可分的功能、多个模块都需要使用的公共功能、不需要动态加载的 UI 组件或工具函数。例如，网络请求库（http.har）、通用 UI 控件（common-ui.har）、常用工具类库（utils.har）、主题与资源模块（theme.har）等。

9.3.1　创建静态共享包

创建一个名为"multimodule"的工程，在这个工程里创建静态共享包。

打开 DevEco Studio，单击"New"->"Module"菜单命令，然后在"Choose Your Ability Template"界面中选择"Static Library"选项，并单击"Next"按钮，如图 9-1 所示。

在"New Project Module"对话框中，设置新添加的模块信息，创建的模块名为 mathUtils，设置完成后，单击"Finish"按钮，完成创建。此时，在工程目录中就会看到自动生成的 mathUtils 模块和相关文件，如图 9-2 所示。

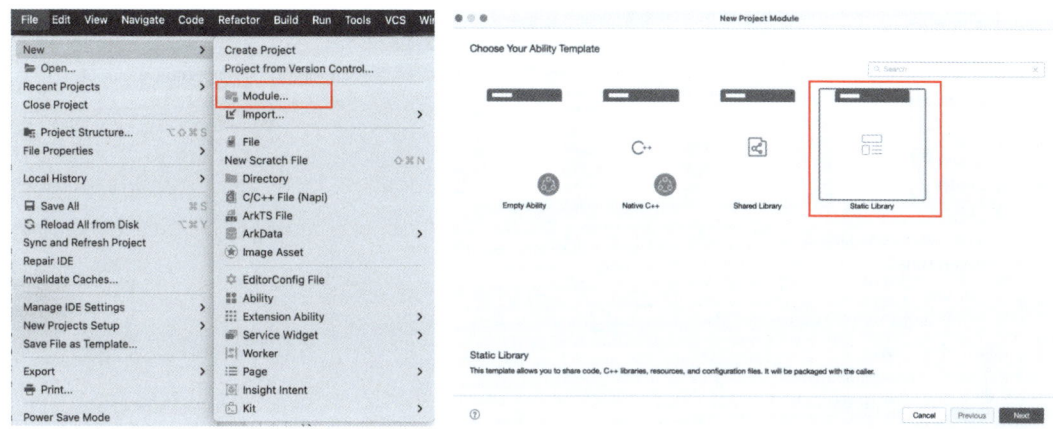

图 9-1　创建静态共享包入口

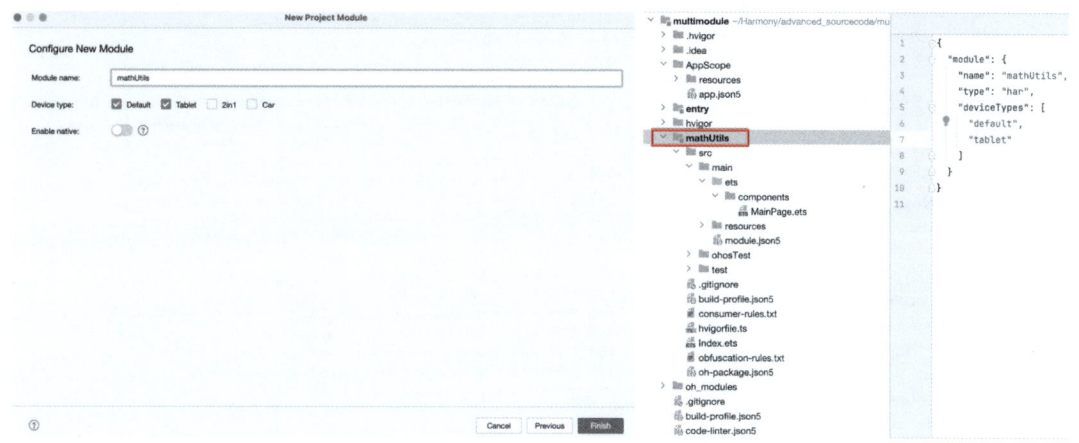

图 9-2　新建 mathUtils 模块

在 mathUtils 模块中新建一个 MyMath 类，用于求和运算。对于项目的其他模块，如果需要进行求和运算，就可以使用 MyMath.sum() 方法，export 是导出关键词，用于将一个类、函数、变量、常量等从当前模块暴露出去，以便其他文件或模块能够通过 import 语法进行引用和使用，如图 9-3 所示。

再看 mathUtils/Index.ets 文件，Index.ets 是该模块对外的统一导出入口文件，类似于 JavaScript/TypeScript 模块系统中的 index.ts，用于集中导出希望暴露给外部模块使用的类、组件和函数等，为了让其他模块也能够使用 MyMath 中的方法，需要将 MyMath 导出，如图 9-4 所示。

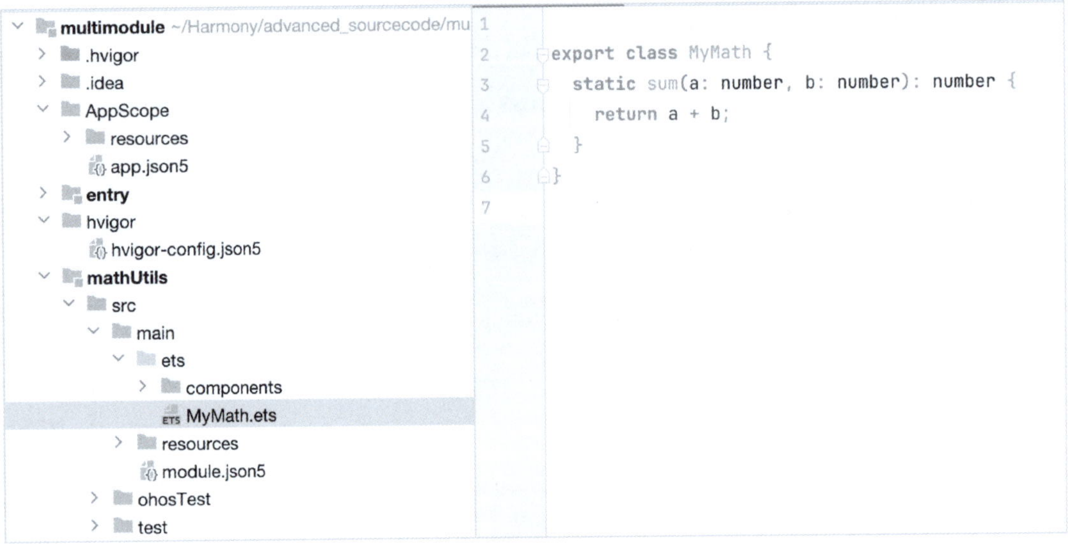

图 9-3　新建 MyMath 类

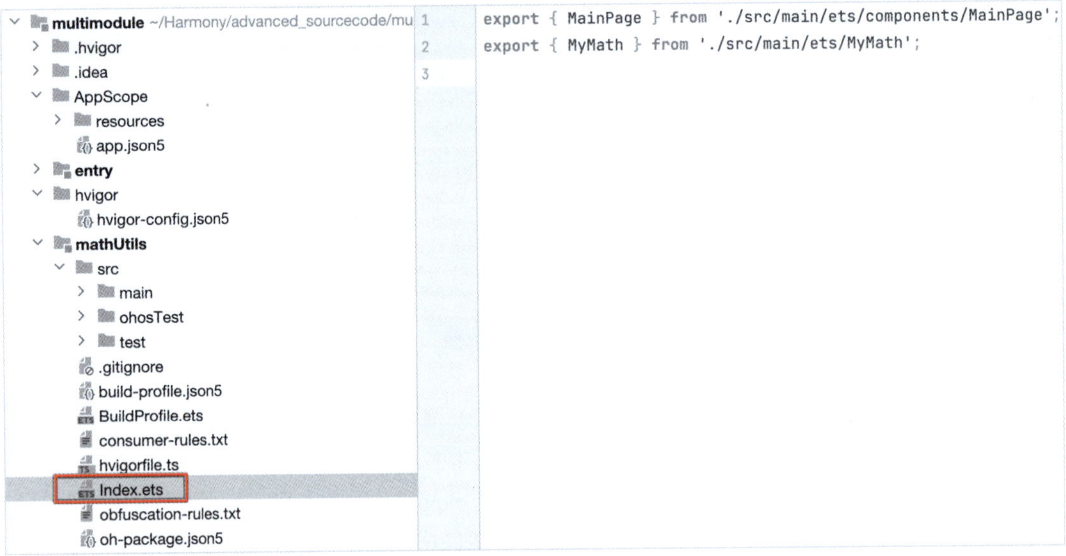

图 9-4　配置静态库并导出文件

着重看 mathUtils 模块，为了引用该模块，需要再次重申 mathUtils/oh-package.json5 和 mathUtils/src/main/module.json5 两个文件的作用和区别。

◇ oh-package.json5：包级别配置文件，对外暴露、被其他模块依赖的"模块清单"，可以理解为一种对外角色，提供模块名 mathutils，让别人 import 这个模块的功能。其中的 name 字段代表模块对外的名称，是让外部模块引用的唯一标识，供 ohpm 和导入语句使用。

◇ module.json5：构建级别配置文件，描述当前模块的类型、构建方式、入口、权限等信息，可以理解为一种对内的角色，告诉构建系统"我是 entry 模块，有 ××× 页面，有 ××× 权限"。其中的 name 字段代表构建内部名称，供构建系统识别模块信息，不影响对外引用。

看一下 mathUtils/oh-package.json5 文件，如图 9-5 所示，模块 mathUtils 自动生成的 name 是 mathutils，可以发现 mathutils 全部是小写。初次接触的读者一定要注意，不要直接认为模块名为 mathUtils，而是必须看对应模块下 oh-package.json5 的 name 字段。需要说明的是，在引用这个模块时，引用的标识应该是 mathutils。

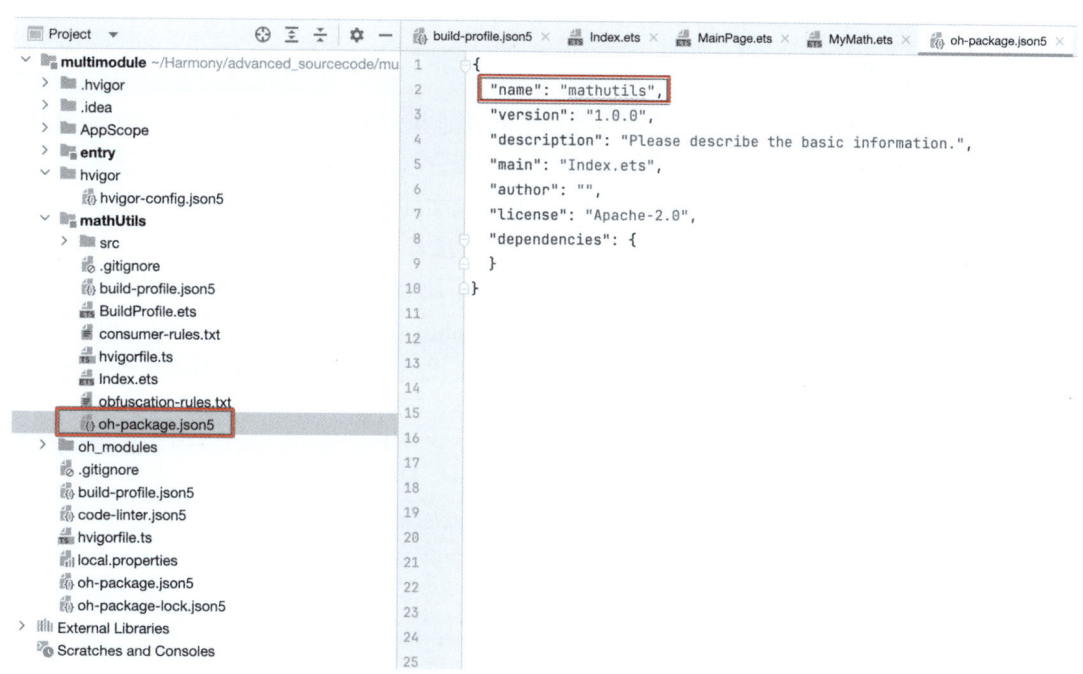

图 9-5　包配置文件 name 注意事项

- 在 DevEco Studio 的菜单栏中，单击"Build"->"Make Module 'mathUtils'"菜单命令进行编译构建，会看到工程目录的 mathUtils 模块里多了一个 build 文件夹，其中有一个 mathUtils.har，这样就生成了静态共享包，如图 9-6 所示。

至此，就创建了一个静态共享包，必须明确模块名称的识别完全依赖 oh-package.json5 中的 name 字段，而不看文件夹的名字。建议在开发时使用全小写的模块名（如 mathutils、commonui、featurestore），以避免在构建和导入模块时因大小写不一致而导致加载失败。

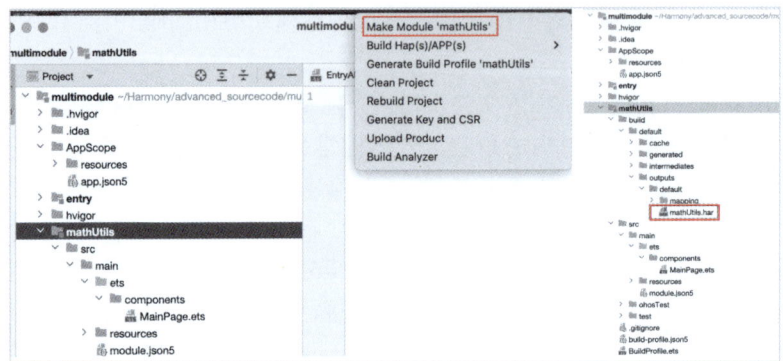

图 9-6　构建 mathUtils

9.3.2　依赖本地静态共享包

依赖本地静态共享包有两种方式，一种是依赖本地模块源码，另一种是依赖本地 HAR，两种方式可以用在不同的开发阶段，推荐使用源码依赖进行调试，这样可以更加灵活地进行改动，并且生效更快。在稳定阶段，推荐使用静态共享包文件依赖模拟模块发布场景，开发者可以根据需求进行灵活切换。下面分开说明它们的操作方法。

- 依赖本地模块源码：在本案例中，mathutils 的模块和主模块 mathutils 在同一个工程下，所以也可以使用依赖本地源码的方式，将 mathutils 设置为 file:../mathUtils，如图 9-7 所示。这里将 mathutils 设置为 file:../mathutils 也可以成功，因为 dependencies 中的路径对大小写不敏感。

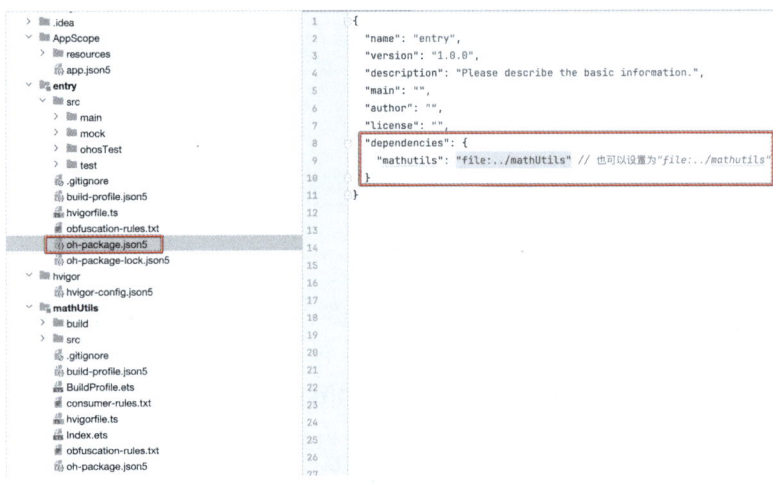

图 9-7　依赖本地源码的 mathUtils

- 依赖本地静态共享包：在主模块中添加依赖，本书示例工程里的主模块是 entry，打开 entry/oh-package.json5 文件，完成依赖配置，如图 9-8 所示。注意，这里依赖的包名为 mathutils，不要写成模块名。

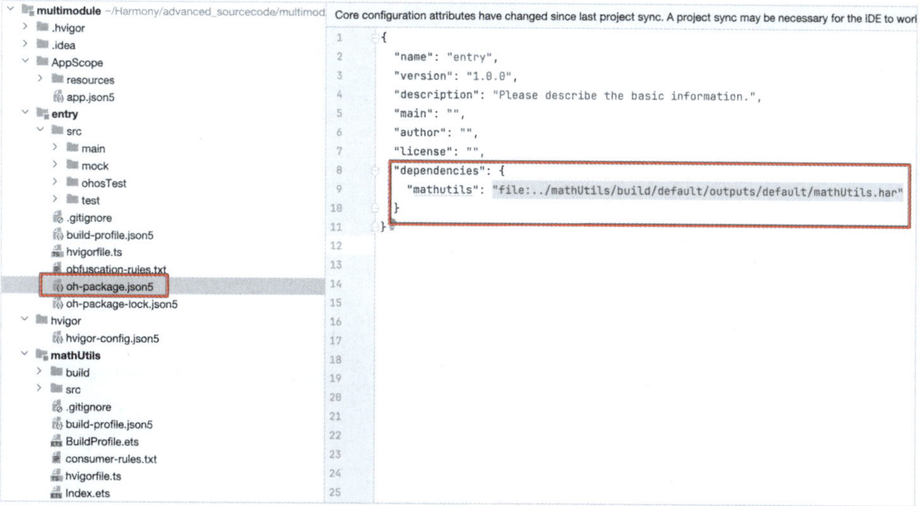

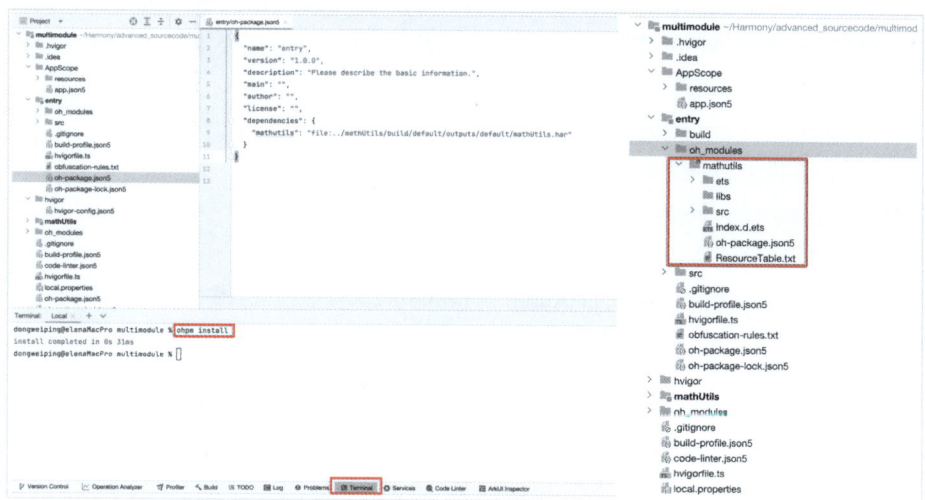

图 9-8　依赖本地静态共享包

完成依赖设置后，需要执行 ohpm install 命令安装依赖包，依赖包会存储在对应模块的 oh_modules 目录下。在 DevEco Studio 中打开工程后，在下方找到 Terminal，执行 ohpm install，如图 9-9 所示。安装完毕后，可以看到 entry 下多了 oh_modules 目录。

图 9-9　执行 ohpm install 安装依赖包

9.3.3 使用本地静态共享包

打开 entry/main/ets/page/Index.ets 文件，导入 MyMath 类，核心代码如下。

```typescript
import { MyMath } from 'mathutils' // 导入 MyMath

@Entry
@Component
struct Index {
  @State message1: string = ' 单击按钮，使用静态库 mathutils 的 MyMath 计算 2+3= ? ';

  build() {
    Navigation(this.pageStack) {
      Column({ space: 12 }) {
        Button(this.message1, { stateEffect: true, type: ButtonType.Capsule })
          .onClick(() => {
            // 单击按钮，使用 MyMath.sum() 计算
            this.message1 = 'MyMath.sum 后求得 2+3= ' + MyMath.sum(2,3).toString()
          })
      }
    }.title(" 主模块首页 ")
  }
}
```

9.4 动态共享包

动态共享包是 HarmonyOS 独有的动态模块机制，支持在应用运行时按需加载模块。这类共享包可以独立构建和更新，适用于体积较大、调用频率较低或需要灵活下发的功能模块。动态共享包特别适用于以下场景。

- 首页首包优化，减小初始安装包体积。
- 活动页、游戏中心、商城等可选模块。
- 模块生命周期短、更新频繁的业务。
- 多端共享的插件式服务或功能。

在构建大型纯血鸿蒙应用时，将核心业务模块拆分为动态共享包，可以显著提高整体架构的灵活性和可维护性。

9.4.1 创建动态共享包

打开工程"multimodule"，创建动态共享包。步骤如下。
- 在 DevEco Studio 菜单栏中，选择"New"->"Module"菜单命令，然后在"Choose Your Ability Template"对话框中选择"Shared Library"选项，并单击"Next"按钮，如

图 9-10 所示。

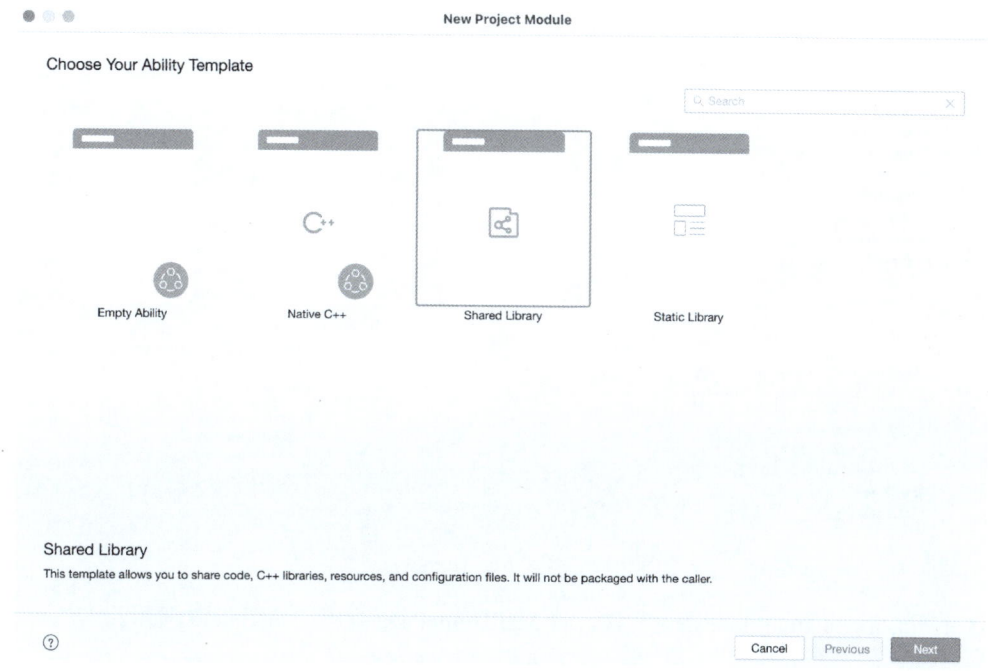

图 9-10　创建动态共享包入口

- 在 Configure New Module 界面中设置新添加的模块信息，创建的模块名称为 shopping-mall，设置完成后，单击 "Finish" 按钮，完成创建。在工程目录中，可以看到自动生成的 shoppingmall 模块和相关的文件，如图 9-11 所示。

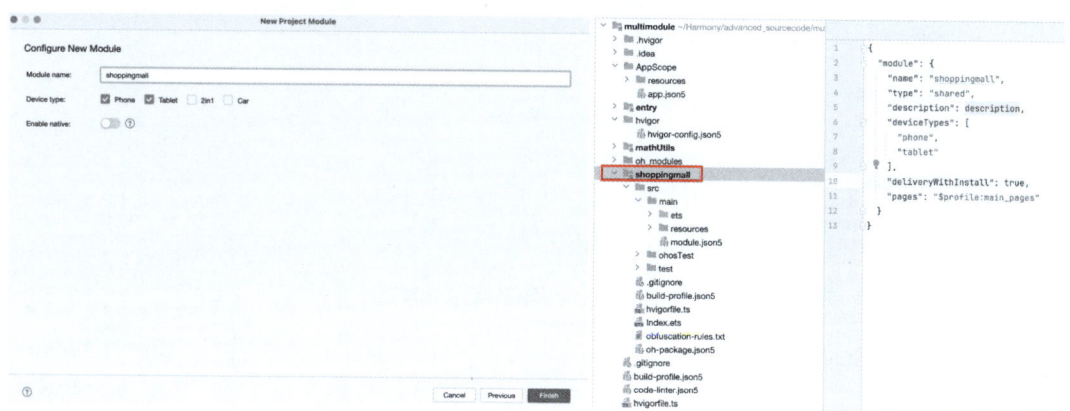

图 9-11　创建 shoppingmall 模块

- 在 shoppingmall 模块中，新建一个 MallHomePage 类，作为商城的首页，如图 9-12 所示。

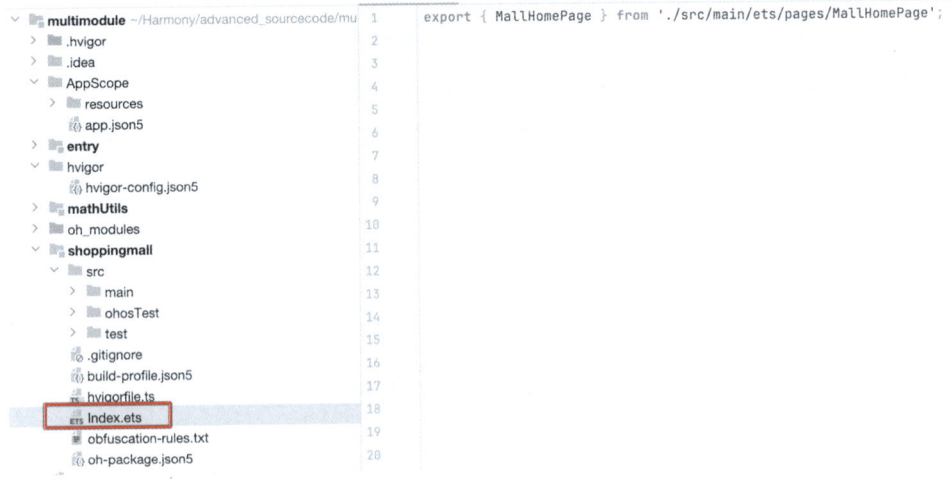

图 9-12　新建 MallHomePage 类

- 打开 shoppingmall/Index.ets 文件，将 MallHomePage 导出，如图 9-13 所示。

图 9-13　配置动态库并导出文件

- 在 DevEco Studio 菜单栏中，选择 "Build" -> "Make Module 'shoppingmall'" 菜单命令进行编译构建。在打包动态共享包时，会同时默认打包静态共享包，在模块中的 build 目录下可以看到 *.har 和 *.hsp 格式的文件，如图 9-14 所示。

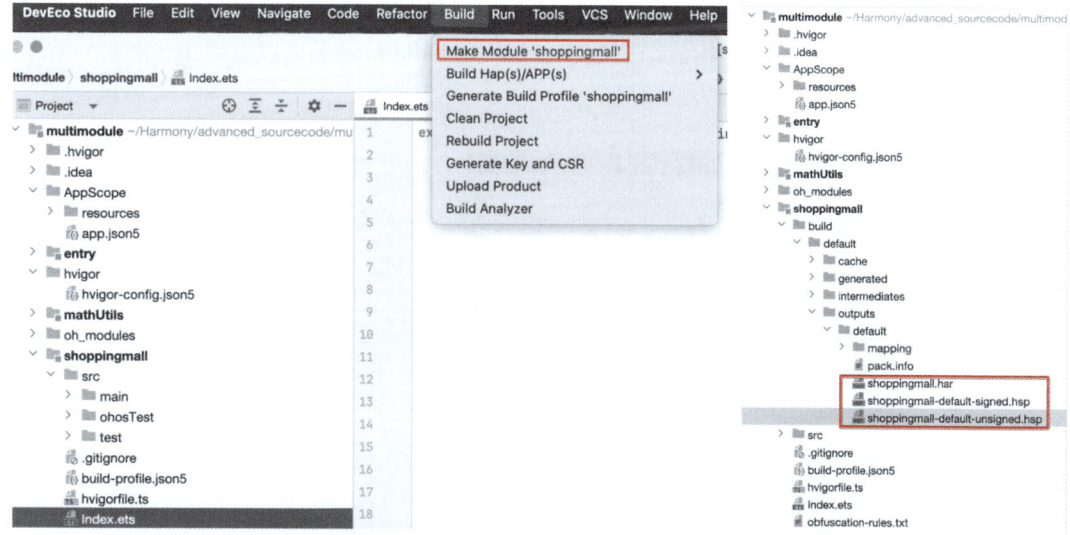

图 9-14　构建 shoppingmall

- 到这里大家可能会有疑问，为什么 shoppingmall 构建了 .har 和 .hsp 两种格式的文件。笔者猜测，这是 HarmonyOS 官方为了支持开发者灵活切换静态依赖调试与动态加载部署场景而设计的机制。.har 是调试友好型产物，.hsp 是发布运行期产物，二者各司其职、互不冲突。

- 如果需要在应用之间共享动态共享包，则需要将动态共享包编译生成 .tgz 包，操作步骤如下。

  ◇ 编译模块选择 "shoppingmall"，单击左边的小按钮，会弹出配置面板，"Build Mode" 选择 "release"，单击 "Apply" 按钮，如图 9-15 所示。

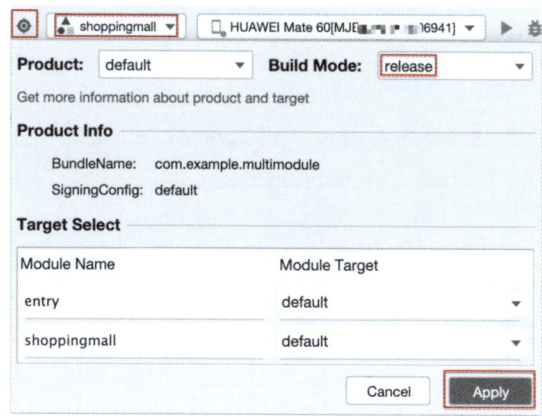

图 9-15　编译模式配置

◇ 选择 shoppingmall 模块的根目录，单击"Build" -> "Make Module 'shoppingmall'"
菜单命令，启动构建。构建结束后，在模块中 build 目录下可以看到 .tgz 格式的文件，
如图 9-16 所示。

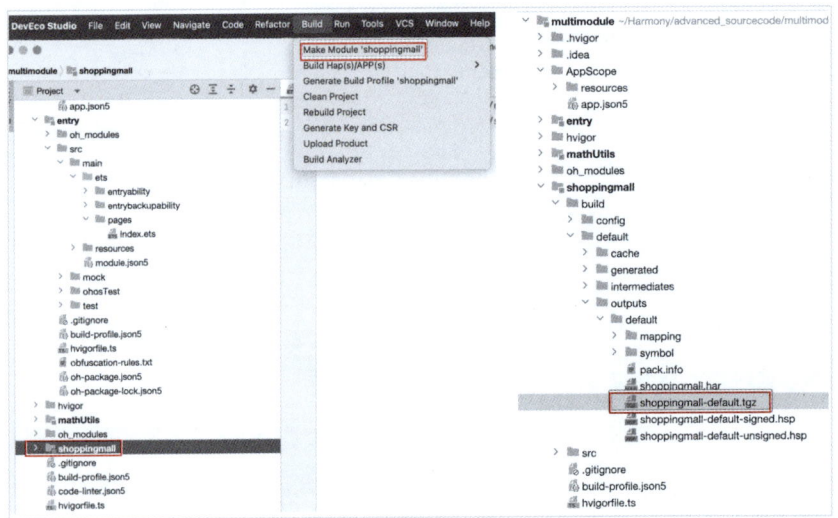

图 9-16　生成 .tgz 格式的文件

9.4.2　依赖动态共享包

与静态共享包一样，也可以通过依赖本地模块源码和本地静态共享包文件的方式引用，在
Terminal 执行 ohpm install 时，可以看到在 entry 目录下的 oh_modules 文件夹下多了 shoppingmall
文件夹，如图 9-17 所示。

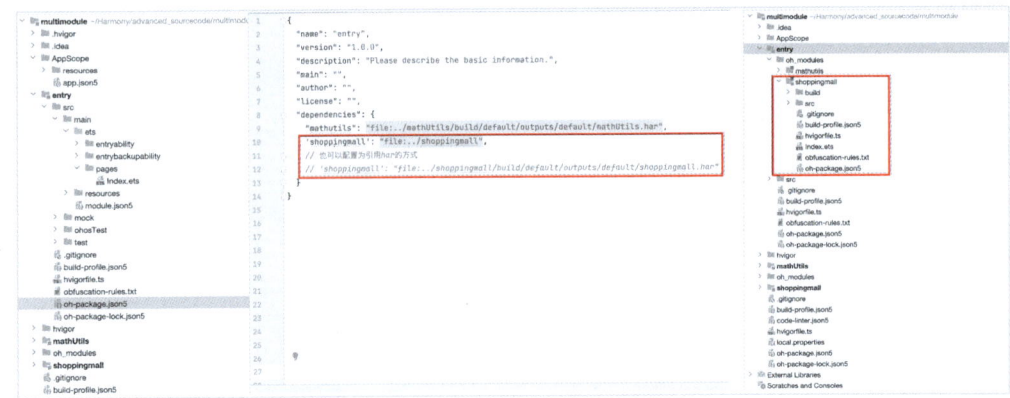

图 9-17　主模块添加 shoppingmall 依赖

还有一种是依赖 .tgz 文件的方式，直接在 entry/oh-package.json5 中配置 tgz 依赖。在 Terminal 执行 ohpm install 时会看到报错，可能提示 'the moduleName: shoppingmall is not unique in the haps'，这时不要着急，可以重启 DevEco Studio，或者通过将 entry 下对应的 build 和 oh_modules 文件夹删除来清理依赖缓存，如图 9-18 所示。

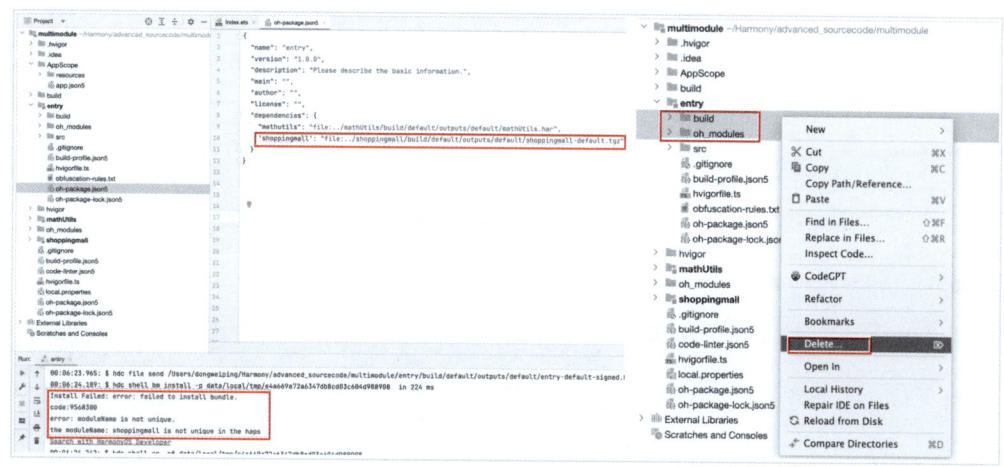

图 9-18 如有报错可清理依赖缓存

重新执行 ohpm install，安装完毕后可以看到 entry 下的 oh_modules 文件夹中有了 shoppingmall. hsp 文件，如图 9-19 所示。

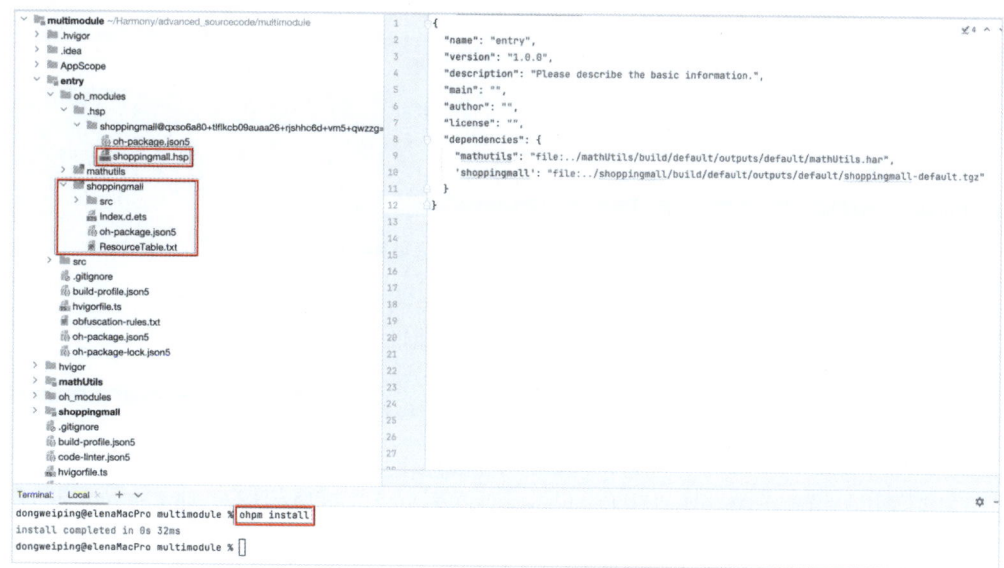

图 9-19 执行 ohpm install 依赖动态包

9.4.3　引用动态共享包

打开 entry/main/ets/page/Index.ets 文件，导入 MallHomePage 类，单击"首页跳转到商城页面"按钮可以跳转到商城首页，核心代码如下。

```typescript
import { MallHomePage } from 'shoppingmall' // 导入 shoppingmall 动态库

@Entry
@Component
struct Index {
  pageStack: NavPathStack =
 new NavPathStack();

  build() {
    Navigation(this.pageStack) {
        Button(' 单击跳转到商城页面 ', { stateEffect: true, type: ButtonType.Capsule })
          .onClick(() => {
            // 触发点击事件，打开 shoppingmall 中的 MallHomePage
            this.pageStack.pushPathByName('MallHomePage', '');
          })

}
    }
    .title(" 主模块首页 ")
    .navDestination(this.PageMap)
  }

  @Builder
  PageMap(name: string) {
    if (name === 'MallHomePage') {
      MallHomePage()
    }
  }
}
```

9.5　引用远程三方共享包

打开 OpenHarmony 三方库中心仓，网址为 https://***ohpm.openharmony.cn/#/cn/home，可以看到很多好用的库，如图 9-20 所示。

因为要使用弹窗相关类，所以在 entry/oh-package.json5 中配置依赖 @pura/harmony-dialog，在 Terminal 中执行 ohpm install，在 entry 目录下的 oh_modules 文件夹中就有了 harmony-dialog 文件夹，如图 9-21 所示。

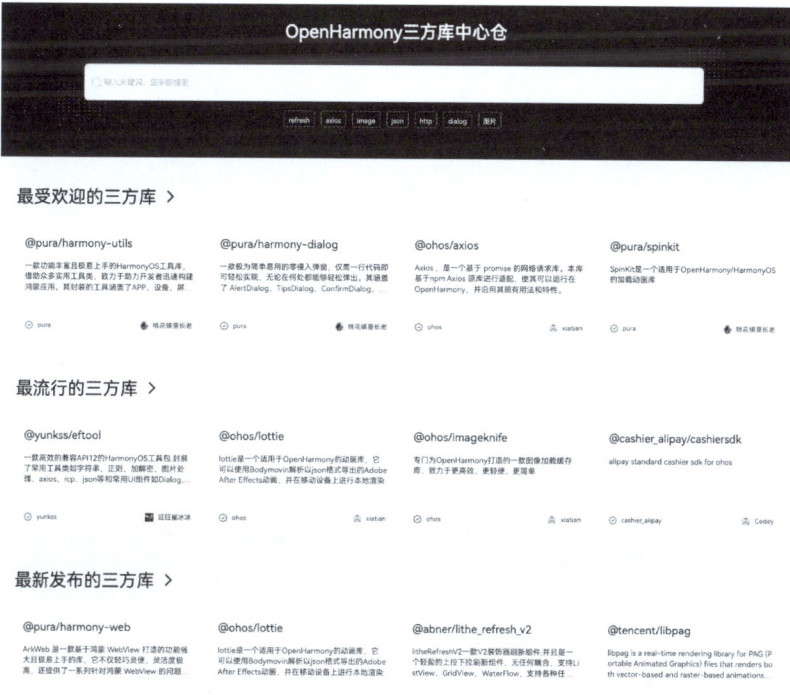

图 9-20　OpenHarmony 三方库中心仓

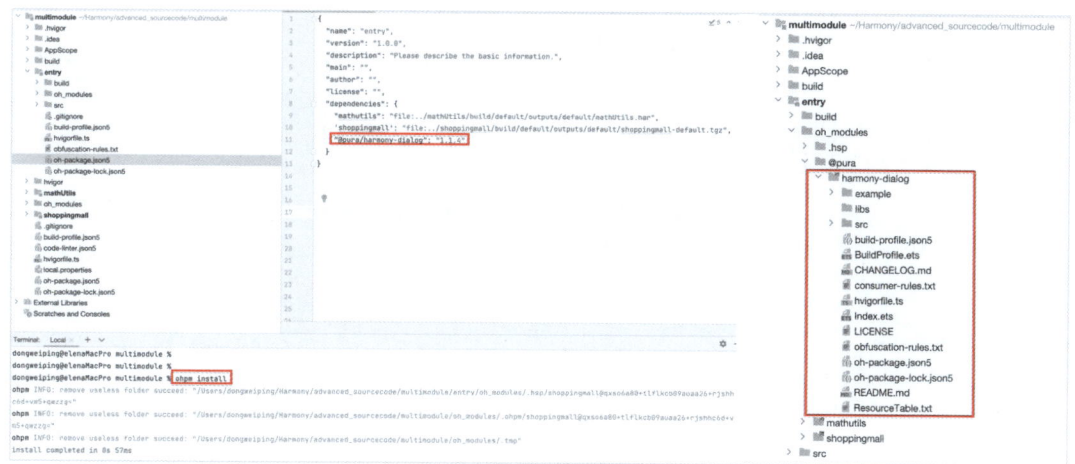

图 9-21　配置依赖 @pura/harmony-dialog

　　打开 entry/main/ets/page/Index.ets 文件，导入 DialogHelper，单击按钮可以弹出弹窗，核心代码如下。

```typescript
import { DialogHelper } from '@pura/harmony-dialog';

@Entry
@Component
struct Index {
  build() {
    Navigation(this.pageStack) {
      Column({ space: 12 }) {
        Button(' 单击按钮弹出 dialog', { stateEffect: true, type: ButtonType.Capsule })
          .onClick(() => {
            this.showDialog()
          })
      }
    }
    .title(" 主模块首页 ")
    .navDestination(this.PageMap)
  }

  showDialog() {
    // 使用 DialogHelper
    DialogHelper.showAlertDialog({
      title: " 提示 ",
      content: " 确定要删除该文件吗？ ",
      primaryButton: {
        value: " 取消 ",
        fontColor: Color.Red,
        action: () => {
          console.log(" 单击 ' 取消 ' 按钮 ");
        }
      },
      secondaryButton: {
        value: " 确认 ",
        fontColor: Color.Brown,
        action: () => {
          console.log(" 单击 ' 确认 ' 按钮 ");
        }
      },
      onAction: (action) => {}
    })
  }
}
```

9.6　应用功能模块、静态共享包与动态共享包的区别

针对多种包类型的文件进行集中说明，如表 9-1 所示。

表 9-1　区别说明

包类型	全　　称	作　用	特　点	使用场景
HAP	HarmonyOS Ability Package	应用功能模块	可独立安装运行、包含 UI/ 服务功能，可以是 entry 或 feature 模块	应用的主要功能模块、必须包含一个 entry HAP，可包含多个 feature HAP
HAR	HarmonyOS Archive	静态共享包	编译时合入 HAP/HSP，不支持动态加载，一般用于工具类通用组件等	多模块共用静态资源或逻辑（例如工具函数库）
HSP	HarmonyOS Shared Package	动态共享包	运行时按需加载，多个 HAP 可共享，构建为 .tgz 文件	功能庞大，多个 HAP 共同依赖的模块（如购物车、地图、AI 功能等）

9.7　本章小结

本章围绕 HarmonyOS 的组件化开发机制，详细阐述了静态共享包与动态共享包核心模块类型的定位、创建方式和使用场景。这些内容可以帮助开发者建立起对模块边界划分、依赖管理和共享包复用的清晰认知。通过实际工程案例展示了如何在 DevEco Studio 中新建静态共享包和动态共享包，以及如何配置 oh-package.json5。此外，还通过源码引用和构建产物依赖两种方式完成了模块集成。同时，探讨了 .har 和 .hsp/.tgz 构建产物的使用区别。通过组件化开发，开发者不仅能够实现代码复用、业务解耦、多人协作，还能为大型应用构建提供强大的架构支撑。

习　　题

9.1　请简要说明 HAP、HAR、HSP 的区别。

答案提示：参见 9.6 节。

9.2　模块中 oh-package.json5 和 module.json5 文件分别起什么作用？它们的 name 字段有何区别？

答案提示：

- oh-package.json5：包级配置文件，定义模块对外暴露的名称、主入口、依赖关系等，供 ohpm 管理和其他模块引用，name 表示模块对外名称，在 import 时使用，需全局唯一。
- module.json5：构建配置文件，定义模块类型（如 entry、feature、har）、页面、构建方式等，供构建工具使用，name 表示构建内部标识，仅在本模块内起作用，不影响对外引用。

第 10 章
分布式软总线与设备协同

10.1　什么是分布式软总线

10.1.1　传统总线

在计算机系统中，总线（Bus）是一种用于在 CPU、内存、输入设备和输出设备之间传递信息的公用通道。它作为计算机各部件之间的共享通信线路，使主机内部的不同模块能够高效地协同工作，同时允许外部设备通过接口电路与系统连接。如图 10-1 所示，根据传输的信息类型不同，计算机总线通常分为以下三类。

- 数据总线：负责传输计算机系统中的数据。
- 地址总线：用于传递内存地址，以指示数据存储或读取的位置。
- 控制总线：传输控制信号，协调不同部件。

传统总线的设计具有以下典型特征。

- 即插即用：支持设备自动识别和配置，减少手动干预。
- 高带宽：能够满足高数据吞吐需求，提高传输效率。
- 低时延：优化数据传输速度，减少延迟。
- 高可靠性：确保数据稳定传输，降低错误率。
- 标准化：采用通用规范，提升兼容性。

总线在计算机架构中起着至关重要的作用，它的发展和演变将直接影响整个计算机系统的性能和可扩展性。

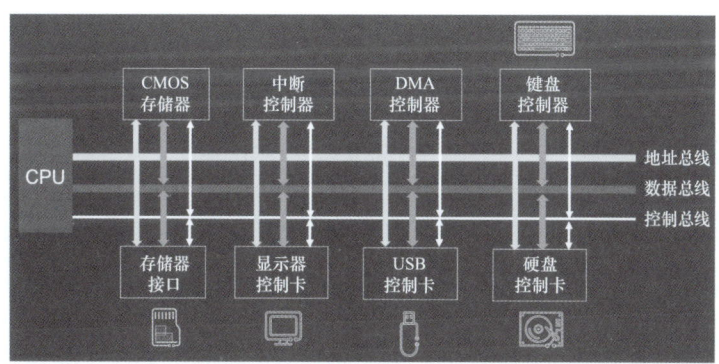

图 10-1　总线图

10.1.2　分布式软总线

分布式软总线是 HarmonyOS 的核心技术之一，它借鉴了计算机硬件总线的设计理念，以软件方式构建了一个跨设备的虚拟总线，实现了设备间的无缝互联和高效通信。与传统的硬件总线不同，分布式软总线突破了物理连接的限制，使不同设备能够像同一个系统的组件一样协同工作，如图 10-2 所示。

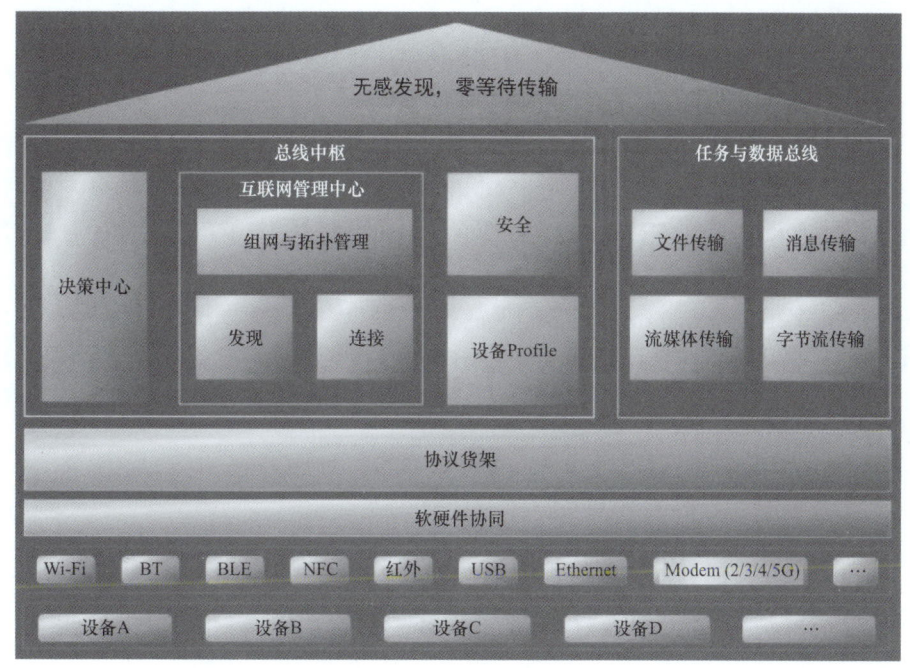

图 10-2　分布式软总线

分布式软总线能够在多个设备之间提供无感连接，实现以下关键功能。

- 设备虚拟化：不同设备之间可以共享计算、存储和网络资源，使设备协同运行。
- 跨设备服务调用：应用程序可以像访问本地 API 一样，调用其他设备上的服务。
- 多屏协同：支持手机、平板、PC 等设备无缝切换任务。
- 文件共享：跨设备高效传输数据，提供低时延、高可靠的数据交互体验。

分布式软总线的典型特征如下。

- 自动发现 / 即连即用：设备可以自动感知和连接，用户无须手动配置。
- 高带宽：支持大数据量的高速传输，确保流畅的用户体验。
- 低时延：优化网络协议，减少数据传输的延迟，提高实时性。
- 高可靠：提供稳定的数据传输功能，即使在复杂网络环境下也能保证通信质量。
- 开放 / 标准化：遵循 HarmonyOS 生态标准，兼容不同类型的智能设备。

可以看出，传统的设备发现是手动的，需要人为干预，例如将手机上的照片同步到计算机上，需要打开手机和计算机的蓝牙功能，然后搜索设备，进行配对授权之后才可以发送照片。分布式软总线的设计理念是不需要手动发现，附近同账号的设备自动发现，无须等待。

10.2 分布式软总线的核心功能

分布式软总线将需要进行信息传输交互的终端设备，例如计算机、手机、平板等，抽象成计算机内的组件进行连接，这些组件能够在这条逻辑线路上进行信息的传输交互。

10.2.1 发现连接

在分布式软总线的支持下，设备间的发现和认证过程变得更加简单和高效：通过广播或组播的方式，设备能够感知到周围其他设备的存在；采用加密技术，确保设备间的通信安全。

- 设备发现：设备在启动后，会通过广播或组播方式向周围的设备发送信号，告知自身的可用性。其他设备通过监听广播或扫描组播信号，能够快速发现可用设备。
- 设备认证：采用双向认证机制，即设备 A 发送认证请求至设备 B，设备 B 进行身份验证并返回认证结果。在认证过程中，设备之间需要交换加密密钥，以确保后续通信的安全性。

10.2.2 设备组网

组网是指通过物理或逻辑方式将多个设备或系统连接在一起，使它们能够相互通信并进行数据交换。组网的核心是建立一个可管理、可扩展，且高效的网络环境，无论是有线连接（如以太网、光纤）还是无线连接（如 Wi-Fi、蓝牙、5G），都可以实现组网。

设备 A 连接到设备 B 和设备 C，设备 B 又连接到设备 C，它们的连接关系就是拓扑。互联网就是一个庞大的拓扑结构，路由器、交换机、服务器和终端设备共同构成了复杂的网络拓扑。

分布式软总线提供了统一的设备组网和拓扑管理功能，能够自动识别和管理已连接设备，从而确保数据传输的稳定性。

- 组网机制：设备可通过 Wi-Fi、蓝牙、NFC 等方式动态加入网络。在组网后，系统会维护设备拓扑信息，优化通信路径。
- 拓扑管理：维护设备间的连接关系，并在设备上 / 下线时动态更新，通过负载均衡优化数据传输效率，保证组网的稳定性。

10.2.3 数据传输

分布式软总线通过虚拟通道实现了设备间的跨设备通信。虚拟通道的建立基于设备间的网络连接，可以是 Wi-Fi、蓝牙等无线连接方式，也可以是 USB 等有线连接方式。

- 虚拟通道建立：设备建立连接后，软总线会在设备之间创建逻辑通道，以便传输数据。该通道建立在通信协议层之上，以确保数据能够高效、准确地传输。
- 数据封装与解封装：发送端应用程序将数据封装成符合通信协议的数据包，目标设备收到数据包后，进行解封装并还原原始数据。
- 会话管理：软总线维护设备间的通信会话，确保数据流的有序传输。通信完成后，会话将自动关闭，释放系统资源。

10.3 分布式软总线应用场景示例

分布式软总线打破了设备间的物理隔离，实现了多设备协同工作。它可以被广泛应用于智能家居、车机互联、智慧办公、娱乐协同等场景，为用户提供无缝流转、跨设备协作的智能体验。其应用场景覆盖生活的诸多方面，以下列举几个常见场景。

1. 多设备协同办公场景

- 在手机上编辑文档，当靠近平板电脑时，文档可以无缝转移到平板电脑上被继续编辑，无须手动操作。在 PC 端打开 HarmonyOS 文档编辑软件，可以将手机直接作为手写板，用于签名或绘图。
- 在 PC 端复制的文本或图片，可直接粘贴在手机或平板电脑上，无须借助网盘或第三方应用。

2. 智能家居互联场景

- 可以在手机上查看智能门锁的状态，并远程解锁或授权家人进入。
- 智能音箱、电视、空调、灯光等设备可根据用户需求自动协同工作，例如用户回到家，门锁自动解锁，灯光、空调、音乐自动开启。当用户观看电视时，电视音量可自动适应环境，减少干扰。

3. 车机互联场景

- 导航和音乐无缝流转。在手机上设置导航，进入汽车后，导航信息自动同步到车机屏幕，无须手动切换。在手机上播放音乐，进入车内后，音乐可无缝转移到车机音箱中继续播放。
- 手机变身车钥匙。无须实体钥匙，手机或手表可直接解锁并启动汽车。可以远程查看车辆状态（如油量、电量、门窗状态）。

10.3.1 应用示例

为了帮助读者更好地理解分布式软总线，下面通过案例深入介绍。该案例是一个邮件编辑页面，用户在该页面中可以输入收件人、邮件主题和邮件正文，也可以选择图片作为附件，如图 10-3 所示。

在手机上编辑内容，将手机靠近平板电脑，会看到平板电脑的 Dock 栏中出现了一个应用接续图标，如图 10-4 所示。

图 10-3　手机上的邮件编辑页面

图 10-4　平板电脑的 Dock 栏出现应用接续图标

单击这个图标，会发现平板电脑展示出来的内容和手机上的一样，如图 10-5 所示，该过程也叫应用接续。

需要注意的是，要实现应用接续，设备必须登录相同的华为账号，并且都要打开 Wi-Fi 和蓝牙开关。在多设备协同设置中，需要开启接续功能，如图 10-6 所示。

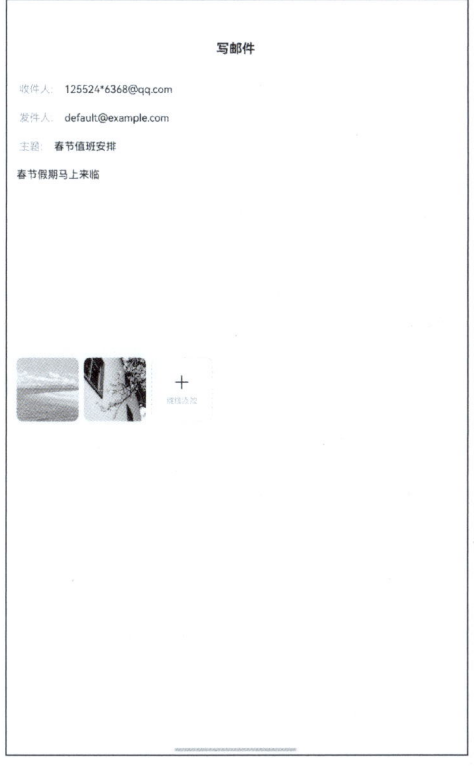

图 10-5　平板电脑上的邮件编辑页面　　　　图 10-6　开启接续功能

接下来重点探讨如何通过分布式软总线功能实现应用接续。整体代码在 ets/entryability/EntryAbility.ets 中，EntryAbility 是应用的主要 UIAbility，通常作为程序入口。在 HarmonyOS Stage 模型中，EntryAbility 负责管理应用的主要 UI，也负责应用的生命周期管理 [如 onCreate()、onDestroy()]。因为应用接续允许任务从一个设备迁移到另一个设备，并且要保留页面的状态，所以需要使用 onContinue() 保存当前设备的 UI 状态，在目标设备中通过 onCreate() 恢复 UI 状态。在开始之前，必须在 module.json5 文件中启动应用接续的功能，将 continuable 标签配置为 true，表示可被迁移，该配置默认为 false。

```typescript
{
  "module": {
```

```
    "abilities": [
      {
        "continuable": true,
      }
    ]
  }
}
```

10.3.2　设备发现连接实现

在应用接续的过程中，用 onContinue() 方法实现设备发现与连接。先通过 distributedDataObject. genSessionId() 生成唯一的 Session ID，标识本设备与目标设备的通信连接，再通过 wantParam. targetDevice 找到目标设备，然后使用 distributedObject.save() 连接目标设备，向目标设备发送数据。关键代码如下。

```typescript
import { commonType, distributedDataObject } from '@kit.ArkData';
async onContinue(wantParam: Record<string, Object | undefined>): Promise<AbilityConstant.
OnContinueResult> {
  try {
    // 生成分布式数据对象的 Session ID，标识本设备与目标设备的连接
    let sessionId: string = distributedDataObject.genSessionId();
    wantParam.distributedSessionId = sessionId;
    // 发现设备并连接（targetDevice 是目标设备）
    await this.distributedObject.save(wantParam.targetDevice as string).catch((err:
BusinessError) => {
        hilog.info(0x0000, '[EntryAbility]', 'Failed to save. Code: ${err.code},
message: ${err.message}');
      });
    return AbilityConstant.OnContinueResult.AGREE;
  } catch (error) {
    hilog.error(0x0000, '[EntryAbility]', 'distributedDataObject failed', 'code $
{(error as BusinessError).code}');
    return AbilityConstant.OnContinueResult.REJECT;
  }
}
```

10.3.3　设备组网实现

设备组网是指多个设备自动组成一个逻辑组，实现相互通信、共享资源。在 restoreDistributedObject() 中，先通过 distributedDataObject.create() 创建分布式数据对象表示要加入分布式网络，再通过 distributedObject.on('status', callback) 进行状态监听，如果 status 为 restored，则表示数据同步完成，设备已经成功组网。使用 distributedObject.setSessionId() 绑定同一个 Session ID，确保多个设备加入相同的分布式网络。核心代码如下。

```typescript
async restoreDistributedObject(want: Want, launchParam: AbilityConstant.LaunchParam):
Promise<void> {
  if (launchParam.launchReason !== AbilityConstant.LaunchReason.CONTINUATION) return;
  // 目标设备创建分布式数据对象，表示要加入分布式网络
  let mailInfo: ContentInfo = new ContentInfo(undefined, undefined, [], undefined,
undefined, undefined, undefined);
  this.distributedObject = distributedDataObject.create(this.context, mailInfo);

  // 监听数据同步状态
  this.distributedObject.on('status', (sessionId, networkId, status) => {
    hilog.info(0x0000, '[EntryAbility]', 'Status changed: ${status}');

/ 当 status === 'restored' 时，表示设备已经成功组网
    if (status === 'restored' && this.distributedObject) {
      // 成功组网后进行数据传输
    }
  });

  // 绑定会话 ID，确保设备加入同一个分布式网络  let sessionId: string = want.parameters?
.distributedSessionId as string;
  this.distributedObject.setSessionId(sessionId);
  this.context.restoreWindowStage(new LocalStorage());
}
```

10.3.4　数据传输的实现

传输数据的前提是存储数据，本例中的主要数据包括收件人、发件人、标题、正文、图片等。下面主要讲解这些数据是如何被存储的，以及目标设备是如何被获取并展示的。

10.3.4.1　数据存储

在页面中输入内容时，输入的内容被存储到了 AppStorage 中。AppStorage 是 HarmonyOS 提供的全局存储机制，在应用生命周期内可以随时访问，使用 AppStorage.set() 方式存储内容。示例代码如下。

```typescript
TextArea({ text: this.textContent, placeholder: $r('app.string.richEditor_placeholder') })
  .onChange((textContent: string) => {
    this.textContent = textContent;
    // 将内容存入 AppStorage
    AppStorage.set('textContent', textContent);
  })
```

接下来，在 EntryAbility 的 onContinue() 中将所有内容转化为 contentInfo，再通过 distributed DataObject.create() 方法将这些内容转化为可同步的分布式对象，随后使用 distributedObject.

save() 方法将数据保存到目标设备中，等待目标设备获取。核心代码如下。

```typescript
async onContinue(wantParam: Record<string, Object | undefined>): Promise<AbilityConstant.
OnContinueResult> {
  wantParam.imageUriArray = JSON.stringify(AppStorage.get<Array<PixelMap>>
('imageUriArray'));
  try {
    // 生成分布式数据对象的 Session ID，标识本设备与目标设备连接
    let sessionId: string = distributedDataObject.genSessionId();
    wantParam.distributedSessionId = sessionId;

    // 获取已选图片的 URI 列表
    let imageUriArray = AppStorage.get<Array<ImageInfo>>('imageUriArray');
    // 存储转换后的图片信息
    let assets: commonType.Assets = [];
    if (imageUriArray) {
      for (let i = 0; i < imageUriArray.length; i++) {
        let append = imageUriArray[i];
        let attachment: commonType.Asset = this.getAssetInfo(append);
        assets.push(attachment);
      }
    }

    // 组织 ContentInfo 结构体
    let contentInfo: ContentInfo = new ContentInfo(
      AppStorage.get('recipient'),
      AppStorage.get('spokesman'),
      AppStorage.get('mainTitle'),
      AppStorage.get('textContent'),
      AppStorage.get('imageUriArray'),
      assets
    );
    // 将数据扁平化
    let source = contentInfo.flatAssets();
    // 把要存储的数据变为一个可同步的分布式对象，distributedDataObject 进行设备间数据同步
    this.distributedObject = distributedDataObject.create(this.context, source);
    this.distributedObject.setSessionId(sessionId);
    // 发现设备并连接（targetDevice 是目标设备），将数据保存到目标设备中
    await this.distributedObject.save(wantParam.targetDevice as string).catch((err:
BusinessError) => {
      hilog.info(0x0000, '[EntryAbility]', 'Failed to save. Code: ${err.code},
message: ${err.message}');
    });
  } catch (error) {
    hilog.error(0x0000, '[EntryAbility]', 'distributedDataObject failed', 'code $
{(error as BusinessError).code}');
```

```typescript
  }
  return AbilityConstant.OnContinueResult.AGREE;
}
```

10.3.4.2　数据获取

数据已经被存储起来了，接下来等待目标设备获取数据。获取数据的动作写在 EntryAbility 的 onCreate() 和 onNewWant() 方法中，确保在应用冷启动和热启动时都能触发数据获取恢复。下面展示具体获取流程，这段逻辑被封装在了 restoreDistributedObject() 方法中。如果不是直接返回，那么请先检查是否需要迁移。监听数据同步状态成功后，就可以恢复数据了。如果 status 为 online，则代表设备上线；如果 status 为 offline，则代表设备下线；如果 status 为 restored，则代表同步成功。

```typescript
async restoreDistributedObject(want: Want, launchParam: AbilityConstant.LaunchParam):
Promise<void> {
  // 检查是否是应用迁移 (CONTINUATION)
  if (launchParam.launchReason !== AbilityConstant.LaunchReason.CONTINUATION) {
    return;
  }
  // 目标设备创建分布式数据对象，表示要加入分布式网络
  let mailInfo: ContentInfo = new ContentInfo(undefined, undefined, undefined, undefined,
[], undefined);
  this.distributedObject = distributedDataObject.create(this.context, mailInfo);
  // 监听数据同步状态
  this.distributedObject.on('status',
    (sessionId: string, networkId: string, status: 'online' | 'offline' | 'restored') => {
      hilog.info(0x0000, '[EntryAbility]', 'status changed, sessionId: ${sessionId}');
      hilog.info(0x0000, '[EntryAbility]', 'status changed, status: ${status}');
      hilog.info(0x0000, '[EntryAbility]', 'status changed, networkId: ${networkId}');
      // 当 status === 'restored' 时，表示数据同步完成，设备已经成功组网
      if (status === 'restored') {
        if (!this.distributedObject) {
          return;
        }
        // 恢复数据
        AppStorage.setOrCreate('recipient', this.distributedObject['recipient']);
        AppStorage.setOrCreate('spokesman', this.distributedObject['spokesman']);
        AppStorage.setOrCreate('mainTitle', this.distributedObject['mainTitle']);
        AppStorage.setOrCreate('textContent', this.distributedObject['textContent']);
        AppStorage.setOrCreate('attachments', this.distributedObject['attachments']);
        let attachments = this.distributedObject['attachments'] as commonType.Assets;
        hilog.info(0x0000, '[EntryAbility]', 'attachments: ${JSON.stringify(this.
distributedObject['attachments'])}');
        for (const attachment of attachments) {
          this.fileCopy(attachment);
        }
```

```typescript
    // 将处理好的 imageUriArray 存入 AppStorage
    AppStorage.setOrCreate<Array<ImageInfo>>('imageUriArray', this.imageUriArray);

  }
  });
  // 绑定会话 ID，确保设备加入同一个分布式网络
  let sessionId: string = want.parameters?.distributedSessionId as string;
  this.distributedObject.setSessionId(sessionId);
  this.context.restoreWindowStage(new LocalStorage());
}
```

文字是结构化数据，可以被直接存储和传输，所以在恢复文字内容时可以直接从 distributedObject 获取后存储到 AppStorage 中。图片是二进制数据，在恢复时需要进行重新解析。所以首先从 distributedObject 中获取 attachment，然后遍历 attachment，调用 fileCopy() 方法对图片进行处理，最后将其存入 imageUriArray，再将 imageUriArray 存储到 AppStorage 里。核心代码如下。

```typescript
// 图片处理
private fileCopy(attachment: commonType.Asset): void {
  // 分布式存储路径（设备 A 共享的文件）
  let filePath: string = this.context.distributedFilesDir + '/' + attachment.name;
  // 应用本地路径（目标设备存储的文件）
  let savePath: string = this.context.filesDir + '/' + attachment.name;
  try {
    // 检查文件是否存在
    if (fs.accessSync(filePath)) {
      // 读取 filePath，写入 saveFile
      let saveFile = fs.openSync(savePath, fs.OpenMode.READ_WRITE | fs.OpenMode.CREATE);
      let file = fs.openSync(filePath, fs.OpenMode.READ_WRITE);
      // 创建 ArrayBuffer
      let buf: ArrayBuffer = new ArrayBuffer(Number(attachment.size) * 1024);
      let readSize = 0;
      // 读取文件内容
      let readLen = fs.readSync(file.fd, buf, {
        offset: readSize
      });
      let sourceOptions: image.SourceOptions = {
        sourceDensity: 120
      };
      // 解析图片并存入 imageUriArray
      let imageSourceApi: image.ImageSource = image.createImageSource(buf, sourceOptions);
      this.imageUriArray.push({
        imagePixelMap: imageSourceApi.createPixelMapSync(),
        imageName: attachment.name
      })
```

```
    // 逐个写入本地文件
    while (readLen > 0) {
      readSize += readLen;
      fs.writeSync(saveFile.fd, buf);
      readLen = fs.readSync(file.fd, buf, {
        offset: readSize
      });
    }
    // 关闭文件
    fs.closeSync(file);
    fs.closeSync(saveFile);
    hilog.info(0x0000, '[EntryAbility]', attachment.name + 'synchronized successfully.');
  }
  } catch (error) {
    let err: BusinessError = error as BusinessError;
    hilog.error(0x0000, '[EntryAbility]', 'DocumentViewPicker failed with err:
${JSON.stringify(err)}');
  }
}
```

10.3.4.3　数据展示

获取的数据都存储在 AppStorage 中，并被展示到 UI 上。在 HarmonyOS 中，UI 组件通常会绑定 @StorageLink 变量，当更新数据时，UI 组件会自动刷新，确保界面中显示最新的数据。以内容编辑组件中的主题为例，@StorageLink('mainTitle') 绑定 mainTitle，主题输入的 TextInput 组件绑定 this.mainTitle。当输入变化时，AppStorage 会更新，UI 也会根据 AppStorage 的更新发生变化，这就是已实现 UI 的数据恢复展示。

```typescript
@Component
export struct EditorComponent {
  @StorageLink('mainTitle') mainTitle: string = '';
  @StorageLink('textContent') textContent: string = '';

  build() {
    Flex({ direction: FlexDirection.Column }) {
      Flex({ direction: FlexDirection.Row, alignItems: ItemAlign.Center }) {
        Text(" 主题 :")
          .width(60)
          .fontColor(Color.Gray)
          .fontSize($r('app.integer.text_size_body1'))
          .margin({left: 20, right: 0})
          .backgroundColor(Color.White)
        // 主题输入
        TextInput({ text: this.mainTitle, placeholder: '' })
          .onChange((mainTitle: string) => {
            this.mainTitle = mainTitle;
```

```
            AppStorage.set('mainTitle', mainTitle);
        })
    }
    .margin({ top: $r('app.integer.text_input_margin') })
  }
 }
}
```

10.4　本章小结

　　本章介绍了分布式软总线的核心概念、功能及应用场景，并通过代码示例详细解析了其实现方式。分布式软总线是 HarmonyOS 的核心技术之一，能够实现设备间的无缝连接、数据共享和高效通信，支持设备发现与连接、设备组网、数据传输等关键功能。在应用迁移场景中，通过分布式数据对象存储和同步邮件的收件人、发件人、标题、正文及图片数据，可以确保数据在不同设备间无缝流转，同时保持设备间的 UI 状态一致。本章提供的代码示例涵盖了数据存储、传输、恢复及 UI 展示，开发者可以尝试对复杂的场景进行实践。

习　　题

　　10.1　什么是分布式软总线？它的核心功能是什么？

　　答案提示：分布式软总线是一种基于软件实现的虚拟总线，能够在多个设备间建立高效、低延迟、稳定的通信通道，使不同设备上的应用犹如运行在同一台设备上一样。它的核心功能有设备发现连接、设备组网和数据传输。

　　10.2　应用接续是如何通过分布式软总线技术实现的？

　　答案提示：应用接续是指在不同设备间无缝迁移应用任务，保持 UI 状态，确保用户体验不中断。实现方式是原设备在 onContinue() 方法中存储数据，目标设备在 onCreate() 和 onNewWant() 方法中获取数据。onCreate() 方法代表冷启动时机，onNewWant() 方法代表热启动时机。

　　10.3　文字和图片在进行存储和恢复时需要注意什么？

　　答案提示：图片数据的存储和恢复比文字复杂，因为文字是数据化结构，图片是二进制结构，这导致它们的数据存储、传输、恢复方式都不一样。

　　存储方式：文字数据可直接使用 AppStorage.set() 存储，但是图片数据通常要存储为 ArrayBuffer 或者 PixelMap。

　　传输方式：文字数据可以直接通过 distributedObject 获取，但是图片数据需要从 distributedFilesDir 中读取出来，然后存储到本机的文件夹中。

第 11 章

宠物互动 App 小组件开发案例

现实中的大多数用户不会频繁点开 App，甚至安装后很快就会将其忘记。需要一种方式让用户即使不打开应用，也能看到、想起它，甚至主动与它互动，这正是小组件的价值。在 HarmonyOS 中，可以将应用中的一部分功能以小组件的形式固定在桌面上，它既可以展示内容，又支持轻量化交互，是一种低成本、高频次的"端外触达"手段。对于希望提高用户活跃度和留存率的应用来说，这是一种非常实用的"增长工具"。本章将以一个宠物互动应用为例，介绍如何开发小组件。

11.1　名词解释

很多开发者在入门时都会被这些名词迷惑——小组件（Widget）、服务卡片（Service Card）、元服务（Feature Ability，FA），有时还会看到桌面卡片、桌面组件、元服务卡片等称呼。这些名词有时会被混用，它们的关系和用法如下。

- 小组件（Widget）：这是开发者最常用的称呼，通常指通过 @Widget 定义的组件。小组件被展示在桌面上，用于展示信息和轻量交互，可以被理解为"功能被浓缩成一张小卡片"的 UI 形态。它不能独立存在，必须依附宿主，宿主既可以是 App，也可以是元服务。
- 服务卡片（Service Card）：这是系统层面对小组件的官方称呼，通常出现在 HarmonyOS 中 UI 界面和设置界面中，实际上，它与小组件（Widget）是同一事物。
- 桌面卡片 / 桌面组件：这是用户视角下对服务卡片的称呼，常用于宣传材料、产品设计稿、日常交流。
- 元服务（Feature Ability）：元服务是 HarmonyOS 中面向服务设计的原子化功能单元，可以作为系统的一部分，无须依附传统 App 安装包。它本质上是一个系统级可发现、可分发、可运行、可组合的服务模块，也可以被视为一个系统提供的小程序。

• 元服务卡片：通常指由元服务承载并展示在桌面上的服务卡片。

概括来说，如果小组件的宿主是 App，那么一般也被称为服务卡片；而如果小组件的宿主是元服务，就会被称为元服务卡片。本章案例的宿主是一个宠物互动 App，所以桌面上安装的卡片就被称为小组件。

11.2 实现原理

这些小组件到底是怎么工作的呢？如图 11-1 所示，我们通过简单的角色划分和流程示意，一起来理解小组件的实现原理。

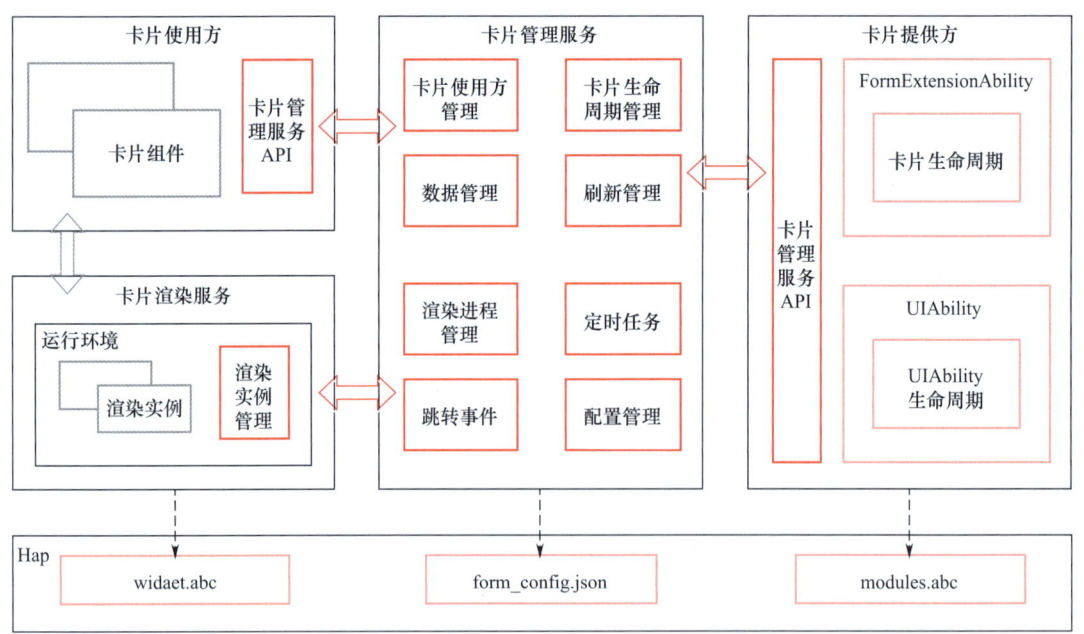

图 11-1　小组件的实现原理

1. 参与角色

• 卡片使用方：简单来说，就是显示卡片的一方，例如手机桌面或负一屏等界面，决定卡片被展示的位置。当前，只有系统应用可以作为卡片使用方，可以理解为桌面或者负一屏。

• 卡片提供方：指给卡片提供具体内容的应用，例如天气卡片的天气应用，负责设计卡片展示的具体内容、布局方式及用户点击后会发生什么。

- 卡片管理服务：这是一个后台服务，相当于一个管家，负责管理每个卡片的生命周期，例如什么时候创建、什么时候更新、什么时候销毁。它还负责定期通知卡片提供方更新卡片内容。
- 卡片渲染服务：我们可以将其理解为一个"画家"。卡片渲染服务负责将卡片绘制出来，并将画好的界面发送给宿主应用。

2. 小组件实现流程

（1）卡片提供方设计好卡片的内容。

（2）卡片管理服务通知卡片渲染服务画图。

（3）卡片渲染服务绘制界面，并将其发送到卡片使用方。

（4）卡片使用方将画好的卡片展示给用户。

通过以上流程，小组件能够流畅、快速地展示信息，同时保证系统的稳定和安全。

11.3　案例介绍

本章案例是一个宠物互动 App，如图 11-2 所示。它的核心目标不是构建复杂的应用功能，而是让用户在不打开 App 的情况下依然保持关注和互动，实现"端外触达"和"轻量留存"。整个案例的设计围绕以下几个关键点展开。

图 11-2　案例主要页面

- 宠物状态展示：在 App 首页展示宠物的当前状态，例如正在吃饭、洗澡、睡觉等，状态可以根据时间或用户行为发生变化，并且可以进行动画展示。
- 更换宠物功能：用户可以在设置页面更换宠物（例如熊猫、狐狸等），更换后立即同步更新展示的内容。
- 桌面小组件功能：用户可以将宠物状态添加为小组件，固定在桌面上，方便随时查看。
- 数据同步机制：小组件与主 App 使用统一的数据源（如 @AppStorage），确保状态实时同步，无须手动刷新。

11.4　案例实现

11.4.1　新建工程

小组件无法单独存在，需要在 Application 工程或者 Atomic Service（元服务）的工程中新建。针对已有的工程，新建 ArkTS 卡片，具体的操作方式如下。

（1）右击 entry 菜单选项，在弹出的快捷菜单中选择 "New" -> "Service Widget" -> "Dynamic Widget" 菜单命令，如图 11-3 所示。

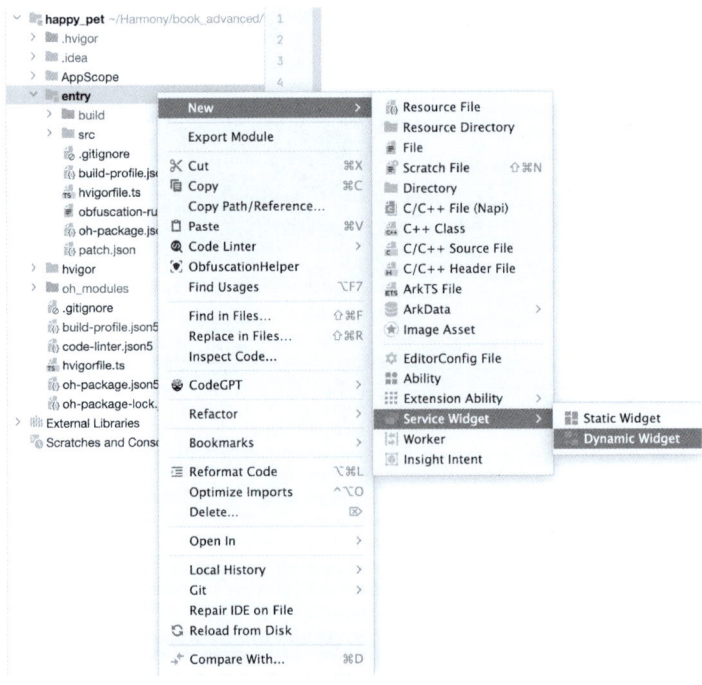

图 11-3　创建小组件

（2）在"Service Widget"对话框中选择一个模板，这里选择"Hello World"模板，如图 11-4 所示。

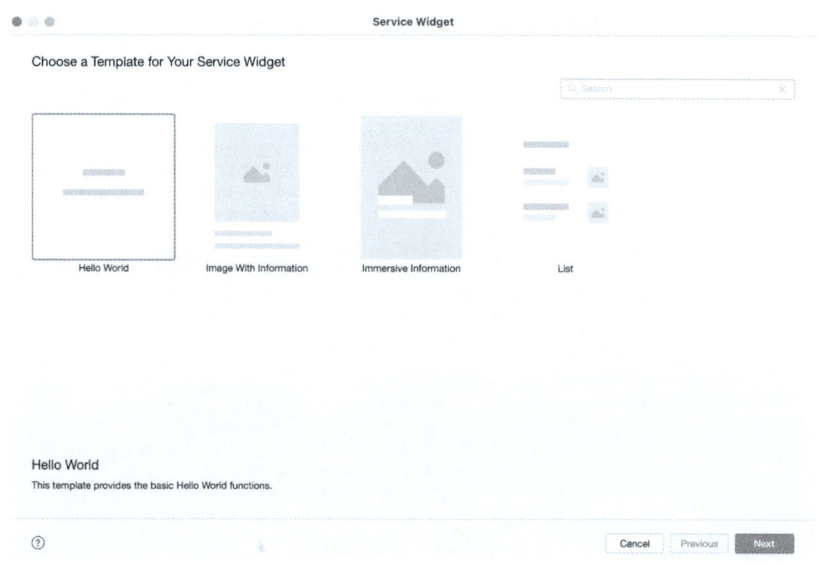

图 11-4　选择模板

（3）配置小组件信息，在"Service widget name"文本框中输入 happy_pet_widget，"Default dimension"项选择 2*2，其他选项保持默认设置，如图 11-5 所示。

图 11-5　小组件信息配置

179

（4）单击"Finish"按钮，可以看到工程有了变化，多了 entryformability 和 happy_pet_widget 两个文件夹，以及一个 form_config.json 配置文件，如图 11-6 所示。

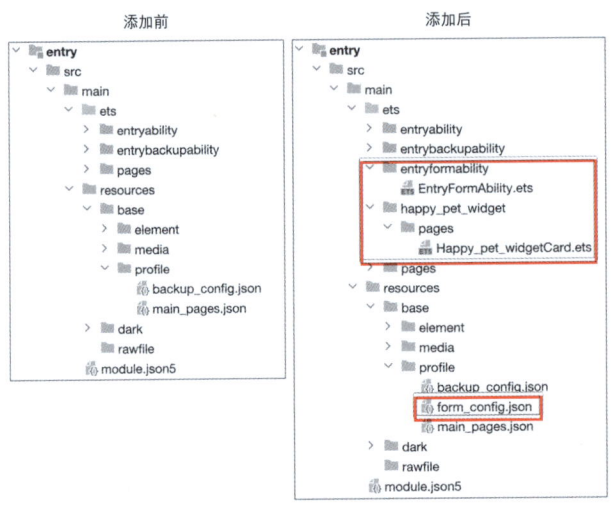

图 11-6　工程变化

（5）添加完毕后，重新运行工程，在手机桌面长按应用 icon，会看到小组件的添加入口，单击"添加至桌面"即可，如图 11-7 所示。

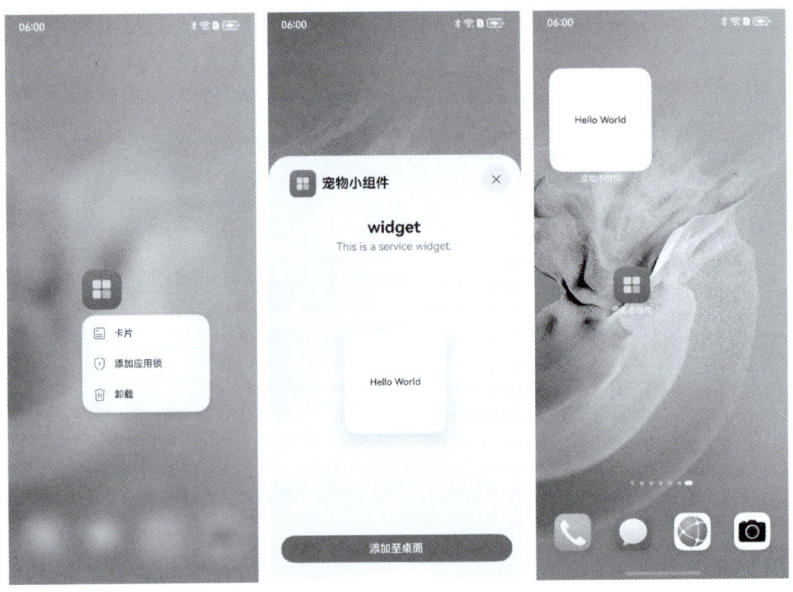

图 11-7　添加小组件

先看 EntryFormAbility 类中的方法的作用，核心代码如下。

```typescript
// EntryFormAbility.ets
export default class EntryFormAbility extends FormExtensionAbility {
  // 当系统首次创建该小组件时调用
  // 用于返回小组件初始数据（初始展示的数据）
  onAddForm(want: Want) {
    const formData = '';
    return formBindingData.createFormBindingData(formData);
  }

  // 当一个临时的小组件成功转换为常规小组件后被调用
  // 通知卡片提供方完成小组件类型转换的回调，开发者可以进行一些类型转换后的处理，如保存状态等
  onCastToNormalForm(formId: string) {}

  // 当系统或用户请求更新小组件数据时调用
  // 用于更新小组件显示的数据，开发者可以使用此方法重新设置小组件的数据
  onUpdateForm(formId: string) {
  }

  // 当用户在小组件上单击或触发了特定的交互事件时调用
  // 用于响应用户交互事件，例如单击按钮、开关切换等操作，并在此方法内处理交互逻辑
  onFormEvent(formId: string, message: string) {}

  // 当系统通知小组件被移除时调用
  // 用于清理小组件占用的资源或持久化保存状态
  onRemoveForm(formId: string) {}

  // 当系统请求查询当前小组件的状态时调用
  // 返回当前小组件的状态，如 READY（已准备好）或其他状态
  onAcquireFormState(want: Want) {
    return formInfo.FormState.READY;
  }
}
```

下面重点介绍小组件配置文件，该文件在 /entry/src/main/resources/base/profile/form_config.json 中，样式如下。

```json
// form_config.json
{
  "forms": [
    {
      "name": "happy_pet_widget",// 小组件的名称
      "displayName": "$string:happy_pet_widget_display_name",// 小组件的显示名称
      "description": "$string:happy_pet_widget_desc", // 小组件的描述
      "isDynamic": true, // 小组件是否为动态卡片
```

```
      "updateEnabled": true, // 支持周期性刷新
                            //scheduledUpdateTime 和 updateDuration 支持其一
      "scheduledUpdateTime": "10:30", // 每天 10:30 刷新
      "updateDuration": 1, // 30 分钟刷新一次
      "defaultDimension": "2*2",
      "supportDimensions": [
        "2*2"
      ]
    }
  ]
}
```

当配置较多时，通常关注以下配置，如表 11-1 所示。

表 11-1　配置项说明

属性名称	含　　义	是否可以默认
name	小组件的名称	否
displayName	小组件的显示名称	否
description	小组件的描述	可默认为空
supportDimensions	小组件支持的外观规格，取值范围：1*2/2*2/4*4/4/1/1/6*4	否
updateEnabled	表示小组件是否支持周期性刷新（包含定时刷新和定点刷新）。 true 表示支持周期性刷新，可以在定时刷新（updateDuration）和定点刷新（scheduledUpdateTime）两种方式中任选其一，当二者同时配置时，定时刷新优先生效。 false 表示不支持周期性刷新	否
scheduledUpdateTime	表示小组件定点刷新的时刻，采用 24 小时制，精确到分钟。说明：updateDuration 参数的优先级高于 scheduledUpdateTime，二者同时配置时，以 updateDuration 配置的刷新时间为准	可以默认，默认时不进行定点刷新
updateDuration	表示小组件定时刷新的周期，单位为 30 分钟，取值为自然数。当取值为 0 时，表示该参数不生效。当取值为正整数 N 时，表示刷新周期为 $30N$ 分钟。说明：updateDuration 参数的优先级高于 scheduledUpdateTime，二者同时配置时，以 updateDuration 配置的刷新时间为准	可以默认，默认值为 0
isDynamic	表示小组件是否为动态卡片（仅针对 ArkTS 卡片框架生效） true 为动态卡片，false 为静态卡片	可以默认，默认值为 true

11.4.2　小组件主动刷新

由表 11-1 可知，目前 ArkTS 卡片框架提供了定时刷新和周期性刷新的功能，并且刷新最小间隔限制在 30 分钟，这些都属于被动刷新。ArkTS 卡片框架也提供了 updateForm 接口和

setFormNextRefreshTime 接口，以便主动触发小组件的页面刷新功能，如表 11-2 所示。

表 11-2　主动更新方法

接　　口	含　　义	说　　明
setFormNextRefreshTime(formId: string, minute: number, callback: AsyncCallback<void>): void;	设置指定小组件的下一次更新时间	formId: 小组件标识 Minute: 指定小组件多久之后更新 取值范围: 大于或等于 5 单位: 分钟
setFormNextRefreshTime(formId: string, minute: number): Promise<void>;	设置指定小组件的下一次更新时间,然后以 Promise 方式返回	
updateForm(formId: string, formBindingData: FormBindingData, callback: AsyncCallback<void>): void;	更新指定的小组件	formId: 小组件标识 立即刷新
updateForm(formId: string, formBindingData: FormBindingData, callback: AsyncCallback<void>): void;	更新指定的小组件,以 Promise 方式返回	

在本例中，当添加小组件时，设置了 5 分钟后刷新，并且重写了 onUpdateForm 方法以更新数据，核心代码如下。

```TypeScript
// EntryFormAbility.ets
// 添加小组件时回调
onAddForm(want: Want) {
  // 调用以返回 FormBindingData 对象
  let parameters = want.parameters;
  if (parameters) {
    let formId: string = parameters[formInfo.FormParam.IDENTITY_KEY] as string
    // 持久化 formId
    this.saveFormId(formId)
    // 设置 5 分钟后刷新
    formProvider.setFormNextRefreshTime(formId, 5)
  }
  return formBindingData.createFormBindingData()
}

// 重写 onUpdateForm 方法, 调用 updateForm 主动刷新 onUpdateForm(formId: string,
wantParams?: Record<string, Object>) {
  // 若小组件支持定时更新 / 定点更新 / 卡片使用方主动请求更新功能
  // 则卡片提供方需要重写该方法以支持数据更新
  // 解析参数
  console.info(TAG + 'onUpdateForm formId is ${formId},        wantPara: ${wantParams?.
['ohos.extra.param.key.host_bg_inverse_color']}');
  // 构建数据, 更新数据
  ServiceCardManager.getInstance().getPetInfoFormBindingData(this.context).then
```

```
(formBindingData => {
    formProvider.updateForm(formId, formBindingData).then(() => {
      console.info(TAG + ' context updateForm formId is ${formId}');
    }).catch((error: BusinessError) => {
      console.error(TAG + ' context updateForm failed, data: ${error}');
    });
  });
}
```

主动刷新小组件的流程如图 11-8 所示，值得注意的是，卡片使用方、卡片管理服务、卡片提供方是运行在不同的进程中的。

（1）当卡片提供方的 UIAbility 应用数据发生变化，需要主动更新小组件显示的内容时，会调用 updateForm 方法，通知卡片管理服务更新数据。

（2）卡片管理服务接收到更新通知后，会将更新请求传递至卡片渲染服务。

（3）当卡片渲染服务接收到数据更新请求时，会重新渲染界面。在渲染过程中，通过 LocalStorageProp 属性保存并管理最新的数据状态。

（4）卡片渲染服务将渲染完成后的最新界面数据发送给宿主应用，由宿主应用内的组件（formHost）进行界面刷新并展示。

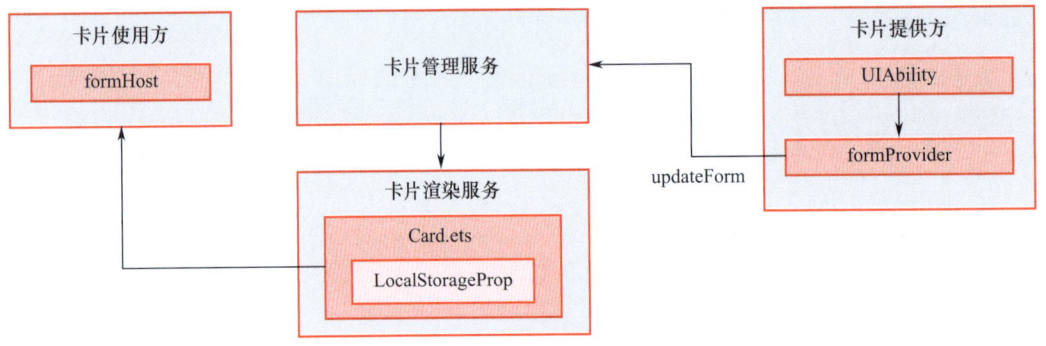

图 11-8　主动刷新小组件的流程

11.4.3　数据通信机制

由于卡片使用方、卡片管理服务和卡片提供方是独立的进程，因此不同的代码会在不同的进程空间中执行，如图 11-9 所示。

为解决进程间数据同步问题，本例使用如下方案。

1. 宿主 App

- 将小组件需要的数据保存在 preferences 中，以便卡片提供方使用。
- 读取卡片提供方保存的卡片唯一 ID，将 updateForm 传递的数据（FormBindingData 对象）调用给卡片使用方，核心代码如下。

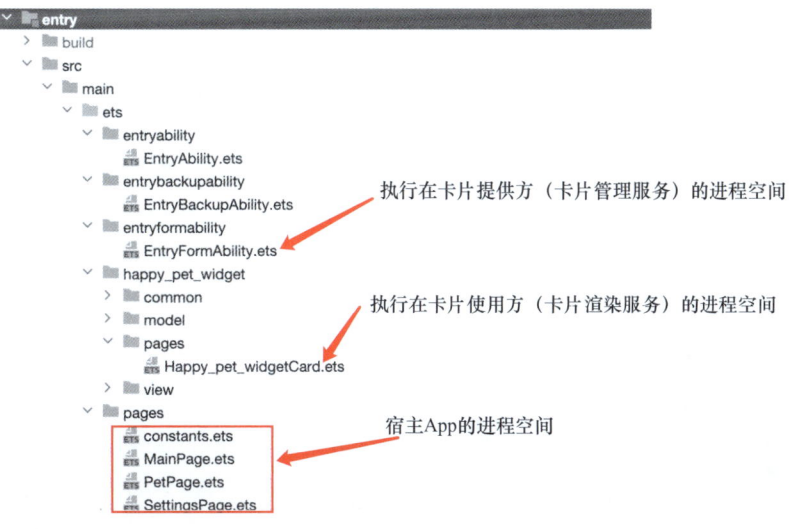

图 11-9　代码执行空间

```javascript
// ServiceCardManager.ets
// 设置宠物信息，并将其保存在 preferences 中
async setPetInfo(context: Context, petInfo: PetInfoInterface): Promise<void> {
  console.log(TAG, 'setPetInfo:', petInfo);
  const storage = await this.loadPreferences(context);
  await storage.put('petInfo', JSON.stringify(petInfo));
  await storage.flush();
  ServiceCardManager.getInstance().refreshAllPetInfo(getContext(this))
}

// 刷新小组件，读取卡片管理服务保存在 preferences 中的小组件 ID 列表，并调用 updateForm 更新小组件
async refreshAllPetInfo(context: Context): Promise<void> {
  console.log(TAG, 'refreshAllPetInfo');
  const petInfo = await this.getPetInfo(context);
  const petInfoFormBindingData = await this.getPetInfoFormBindingData(context);
  const ids = await this.loadCardIdSet(context);
  for (const id of ids) {
    formProvider.updateForm(id, petInfoFormBindingData).catch((error: Base.
BusinessError) => {
      console.error('formProvider updateForm, error: ${JSON.stringify(error)}');
      if(error.code == 16501001) {
        //16501001 小组件 ID 不存在
        this.removeCardId(context, id);
      }
    });
}
```

```
    }
}
```

2. 卡片提供方

- 重写 onAddForm 和 onRemoveForm 更新 / 删除 preferences 持久化的每个小组件的唯一
  ID（小组件的 ID 需要在 onAddForm 时持久化，以便更新小组件时使用）。
- 重写 onAddForm 和 onUpdateForm，读取宿主 App 保存的数据并调用 updateForm 方法将
  数据（FormBindingData 对象）传递给卡片使用方，核心代码如下。

```typescript
// EntryFormAbility.ets
// 持久化 formId
async saveFormId(formId: string) {
    // 以下代码是异步执行的，在实际运行过程中执行顺序会与代码顺序有出入，导致逻辑错乱，所以需要使用
await 控制各异步函数的执行顺序
    await ServiceCardManager.getInstance().addCardId(this.context,formId);
    // 同时更新 petInfo
    let formBindingData = await ServiceCardManager.getInstance().getPetInfoFormBindingData
(this.context);
    formProvider.updateForm(formId, formBindingData)
}

// 在 onAddForm 中调用 saveFormId，持久化小组件 ID
onAddForm(want: Want) {
    // 调用以返回 FormBindingData object 对象
    let parameters = want.parameters;
    if (parameters) {
        let formId: string = parameters[formInfo.FormParam.IDENTITY_KEY] as string
        console.info(TAG + "onAddForm formId is " + formId + "")
        // 持久化 formId
        this.saveFormId(formId)
        // 设置下一次刷新时间
        formProvider.setFormNextRefreshTime(formId, 5)
    }
    return formBindingData.createFormBindingData()
}

// 重写 onUpdateForm 读取宿主 App 保存的数据，调用 updateForm 传递数据（FormBindingData 对象）给
// 卡片使用方
onUpdateForm(formId: string, wantParams?: Record<string, Object>) {
    // 若小组件支持定时更新 / 定点更新 / 卡片使用方主动请求更新功能
    // 则卡片提供方需要重写该方法以支持数据更新
    // 解析参数
    console.info(TAG + 'onUpdateForm formId is ${formId},wantPara: ${wantParams?.['ohos.
extra.param.key.host_bg_inverse_color']}');
```

```
// 构建数据，更新数据
ServiceCardManager.getInstance().getPetInfoFormBindingData(this.context).
then(formBindingData => {
    formProvider.updateForm(formId, formBindingData).then(() => {
      console.info(TAG + ' context updateForm formId is ${formId}');
    }).catch((error: BusinessError) => {
      console.error(TAG + ' context updateForm failed, data: ${error}');
    });
  });
}
```

3. 卡片使用方

- @LocalStorageProp 修饰变量，ArkTS 卡片框架自动将其与卡片提供方传递过来的 FormBindingData 数据进行绑定，核心代码如下。

```typescript
// Happy_pet_widgetCard.ets
@Entry
@Component
struct Happy_pet_widgetCard {
  @LocalStorageProp('pet_info') petInfo: PetInfoInterface | null =
 null;
  .....
  build() {
    Stack() {
      ...

      // 展示数据 this.petInfo
      PetStatusPlayer({icons:PetStatusUtils.petStatusImages(this.petInfo),
showAnimation: false})
        .width(this.fullWidthPercent)
        .height(this.fullHeightPercent)
        .onClick(() => {
          postCardAction(this, {
            action: this.actionType,
            abilityName: this.abilityName,
            params: {
              message: this.message
            }
          });
        });
      ....
    }.width(this.fullWidthPercent)
    .height(this.fullHeightPercent)
  }
}
```

FormBindingData 的数据结构如下，其中，pet_info 需要与 @LocalStorageProp('pet_info') 修饰的名称一致。

```javascript
// 宠物信息转成 FormBindingData
async getPetInfoFormBindingData(context: Context): Promise<formBindingData.
FormBindingData> {
  const petInfo = await this.getPetInfo(context);
  return formBindingData.createFormBindingData({
    pet_info: petInfo,
  });
}
```

总结小组件的数据通信流程，如图 11-10 所示。

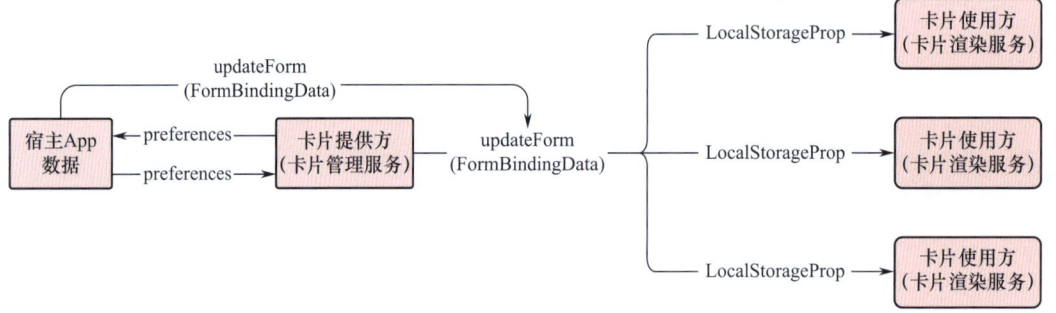

图 11-10　小组件数据通信流程

11.4.4　数据持久化方案

本例为什么选择 preferences 而非 AppStorage / LocalStorage 作为小组件的数据持久化方案？在实际测试过程中，笔者发现，宿主应用、卡片提供方、卡片使用方分别运行在不同的进程中，且这三个进程的初始化时间及顺序具有不确定性。当某个进程更新持久化数据后，其他进程可能由于缓存未刷新而无法及时感知数据变化，造成小组件展示的状态与实际不一致。鉴于此，本例采用了如下方案：在每次访问 preferences 前，主动清除缓存并重新加载数据，以确保数据在多进程环境中的一致性和实时性。核心代码如下。

```typescript
// ServiceCardManager.ets
private async loadPreferences(context: Context): Promise<preferences.Preferences> {
  // 由于涉及多个进程读写 preferences，所以在每次读写 preferences 之前，都要删除缓存并重新加载
preferences
  // 在多进程环境中，确保每次都能获取到最新数据
  preferences.removePreferencesFromCache(context, STORE_KEY)
  const storage = await preferences.getPreferences(context, STORE_KEY);
```

```
    return storage
  }
```

无效小组件 ID 的清理建议：在实际开发中，由于小组件 ID 是在 FormExtensionAbility.
onAddForm 中由系统提供的，因此通常需要手动将其持久化以供后续刷新使用，但这也会
带来一个潜在问题：如果用户在宿主应用未运行的情况下删除了小组件，则系统不会回调
onRemoveForm，导致卡片提供方仍然持有一个已经失效的小组件 ID，久而久之，preferences
中将堆积大量冗余数据。

为了避免这种情况，建议在调用 formProvider.updateForm 时对返回的错误信息进行处理，
若错误码为 16501001（表示小组件 ID 不存在），则可以将其判断为无效小组件并从本地缓存中
移除，核心代码如下。

```javascript
// ServiceCardManager.ets
formProvider.updateForm(id, petInfoFormBindingData).catch((error: Base.BusinessError) => {
  if(error.code == 16501001) {
    // 小组件 ID 不存在
    this.removeCardId(context, id);
  }
}
```

最佳实践建议：在每次调用 updateForm 时都加入对 16501001 错误码的判断，及时清理无
效小组件 ID，保持本地缓存数据的准确性与清洁性。

11.4.5　动画实现

为了让桌面上的宠物更加活灵活现、富有陪伴感，本例在 UI 层引入了两种动画方式，分
别适用于不同的场景。

- 使用 Timer 播放帧动画：在一些简单的循环动画场景中（宠物眨眼、尾巴摇动等），通
  过定时器 setInterval 定期切换图片资源，实现轻量级的帧动画效果。这种动画的实现逻
  辑简单，资源占用少，适用于动作清晰、帧数较少的情况，其核心代码如下。

```javascript
// AnimationWidget.ets
aboutToAppear() {
  if (this.imagePaths.length > 1 && this.showAnimation) {
    this.timer = setInterval(() => {
      this.imageIndex = (this.imageIndex + 1) % this.imagePaths.length;
    }, this.frameDuration);
  }
}

build() {
  Stack() {
    if (this.imagePaths.length === 0) {
```

```
        Text("No images available")
    } else {
        Image(this.imagePaths[this.imageIndex])
    }
  }
}
```

注意：该方式不适用于服务卡（Form）组件，因为 setInterval 等定时器机制在服务卡中被限制使用，若调用，会导致卡片无法被正常渲染。

- 使用 Lottie 动画：在更复杂、更精致的场景中（宠物洗澡时浴缸中的泡泡动画、水花四溅），本例引入了 lottie 库，用以渲染基于 JSON 的矢量动画。Lottie 动画不仅能实现平滑、流畅的动画效果，还支持透明背景、交互性与多段播放，非常适合在桌面宠物这样的视觉重点模块中使用。

Lottie 动画的实现步骤如下。

（1）安装 lottie 库。在项目的 Terminal 窗口输入命令行：ohpm install @ohos/lottie，如图 11-11 所示。

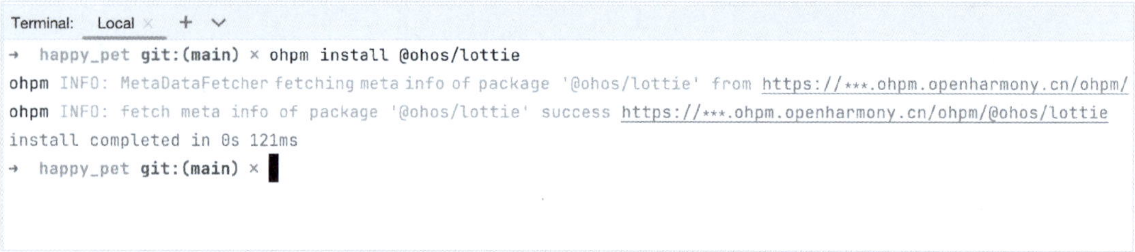

```
Terminal:   Local  ×   +  ∨
→  happy_pet git:(main) × ohpm install @ohos/lottie
ohpm INFO: MetaDataFetcher fetching meta info of package '@ohos/lottie' from https://***.ohpm.openharmony.cn/ohpm/
ohpm INFO: fetch meta info of package '@ohos/lottie' success https://***.ohpm.openharmony.cn/ohpm/@ohos/lottie
install completed in 0s 121ms
→  happy_pet git:(main) × █
```

图 11-11　安装 lottie 库

（2）添加动画资源（tub.json、images/ 目录）：将 lottie JSON 文件与动画所需图片资源放在 src/main/ets/pages/ 目录下，如图 11-12 所示。

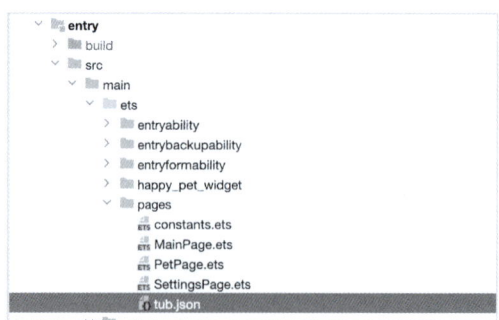

图 11-12　添加动画资源

（3）添加动画逻辑。在宠物"洗澡"场景中，泡泡缓缓升起，通过 lottie 库实现的动画效果更加生动、有趣。核心代码如下。

```typescript
// PetPage.ets
// 创建 Canvas 需要的上下文 Context
private mainRenderingSettings: RenderingContextSettings = new RenderingContextSettings(true)
private mainCanvasRenderingContext: CanvasRenderingContext2D = new CanvasRenderingContext2D
(this.mainRenderingSettings)
animationItem: AnimationItem | null = null

build() {
......
// 预留动画展示的 Canvas 容器
Canvas(this.mainCanvasRenderingContext)
  .width((this.petSize + 30) + "px")           // 宽高自己定义即可
  .height((this.petSize + 30) + "px")          // 宽高自己定义即可
  .backgroundColor(Color.Transparent)
  .onReady(()=>{
    // 抗锯齿的设置
    this.mainCanvasRenderingContext.imageSmoothingEnabled = true;
    this.mainCanvasRenderingContext.imageSmoothingQuality = 'medium'
  })
  .
......
}


// 在合适的时机加载动画，例如单击按钮时
lottie.destroy('showering'); // 加载动画前先销毁已加载的动画，或在动画结束时及时销毁
this.animationItem = lottie.loadAnimation({
  container: this.mainCanvasRenderingContext,    // 渲染上下文
  renderer: 'canvas',                            // 渲染方式
  loop: true,                                    // 是否循环播放，默认为 true
  autoplay: true,                                // 是否自动播放，默认为 true
  name: 'showering',                             // 动画名称
  contentMode: 'Contain',                        // 填充的模式
  frameRate: 30,                                 // 设置 animator 的刷帧率为 30
  imagePath: 'lottie/images/',                   // 加载并读取指定路径下的图片资源
  path: 'pages/tub.json',                        // JSON 路径
  // initialSegment: [10,50]                     // 播放的动画片段
})
```

11.4.6　图片资源存放位置说明

在 HarmonyOS 应用开发中，图片资源的存放位置直接影响访问方式、打包策略及运行效率。特别是在类似宠物互动应用小组件的项目中，往往会同时使用多种目录来组织不同类型的

资源。以下结合本例的实践场景进行详细说明。

- media 用于存放应用图标和静态 UI 图片资源。在本例中，应用的启动图标、主界面图标等静态图片资源被统一存放在 media 目录中。该目录下的资源在编译时会被打包成资源索引，并支持通过 $r(‘app.media.xxx’) 的方式直接访问，适用于 Image、Button 等 UI 组件。例如，App 的图标、底部 Tabar 图标就来自 media 目录，可以通过资源 ID 访问到对应的图片，是在 UI 场景下的推荐方式。

```
Plain Text
Image($r('app.media.app_icon'))
```

- rawfile 用于存放宠物动画帧图等自定义读取资源。宠物互动 App 小组件中的核心交互是"小宠物状态的动态展示"，如犯困、吃饭和洗澡等，这些动画由大量的帧图组成，并按目录组织，被存放在 rawfile 目录中，如下所示。

```
Plain Text
/src/main/resources/rawfile/animals/pet_bear
/src/main/resources/rawfile/animals/pet_cat
/src/main/resources/rawfile/animals/pet_fox
```

rawfile 支持多层目录结构，子目录名称可以自定义，资源不会被编译成索引，而是保留原始格式，通过指定文件路径和文件名访问，并且会在编译期间检查文件是否存在。使用 rawfile 的最大优势是灵活：支持动态命名、目录分类管理、按需加载，非常适合类似本例的帧动画图像数量多、按动作组织的场景。核心代码如下。

```
Plain Text
$rawfile('animate/eating1.png'),
$rawfile('animate/eating2.png'),
$rawfile('animate/eating3.png')
```

- resfile 存放可读写的扩展资源，支持在沙箱内访问。除了 media 和 rawfile，HarmonyOS 还提供了 resfile 目录，用于存放一些随应用一起打包、但在运行时需要读写访问的扩展资源。与 rawfile 类似，resfile 同样支持创建多层子目录，其目录结构灵活，文件名与内容完全由开发者定义。二者的不同之处在于：安装应用后，resfile 目录中的资源会被自动解压至应用沙箱，可通过 context.resourceDir 动态获取并访问资源；支持运行时读取、解析，适用于模板数据、配置文件和预设内容等。

11.5 本章小结

本章详细介绍了小组件的核心概念、实现原理和具体应用场景。首先厘清了一些容易混淆的名词，随后探讨了小组件的运行机制，解释了卡片使用方、卡片提供方、卡片管理服务和卡片渲染服务四个核心角色的职能，以及它们如何通过协作，确保小组件数据的实时更新和展示。在案例实现部分，以一个宠物互动 App 小组件为例，完整地讲解了从工程搭建、小组件主动刷新机制到数据通信方案的实现方法。针对跨进程数据同步问题，展示了利用 preferences 存储方案保证数据一致性的方法。同时，提出了及时清理无效小组件 ID 的实践建议，保证了应用性能和数据准确性。特别介绍了如何在小组件中实现动画效果，并对图片资源的合理存放方式进行了说明。通过学习本章内容，开发者不仅能够掌握小组件的基本概念和开发流程，还能够积累实际开发中的经验，从而更有效地利用小组件提升用户留存率和应用活跃度。

习　　题

11.1　小组件的主动刷新机制是如何实现的？

答案提示：主动刷新机制通过 updateForm 和 setFormNextRefreshTime 接口实现。具体流程如下。

（1）卡片提供方（如应用 UIAbility）调用 updateForm 方法，通知卡片管理服务。

（2）卡片管理服务将请求传递给卡片渲染服务。

（3）卡片渲染服务重新渲染界面，通过 LocalStorageProp 保存最新状态。

（4）渲染后的数据被传递给卡片使用方（如桌面）进行界面刷新。

11.2　在鸿蒙小组件中实现复杂动画效果时，为什么建议使用 Lottie 动画，而非帧动画（Timer）？

答案提示：帧动画受限于鸿蒙小组件的机制，不支持定时器，无法正常运行；而 Lottie 动画基于 JSON 矢量文件，性能更好，支持复杂动画，如透明背景、多段播放、交互控制等，可以实现更丰富的视觉效果，且鸿蒙小组件完全支持 Lottie 动画方案。

第 12 章
手机管家应用整合开发

本章将结合媒体库管理、多线程并发任务、图像识别与处理，以及 ArkTS 异步语法与 UI 状态绑定，完成一个真实、可用的手机管家应用。应用的主要功能包括扫描设备存储空间、扫描相册媒体文件、手动删除媒体文件、对图片视频进行压缩和智能识图等。通过这个综合实战项目，开发者可以体验从 UI 到多线程、从 Kit 调用到资源管理的完整应用开发流程。

12.1 功能简介

手机管家应用共包含四个主要页面，如图 12-1 所示，页面分工如下。

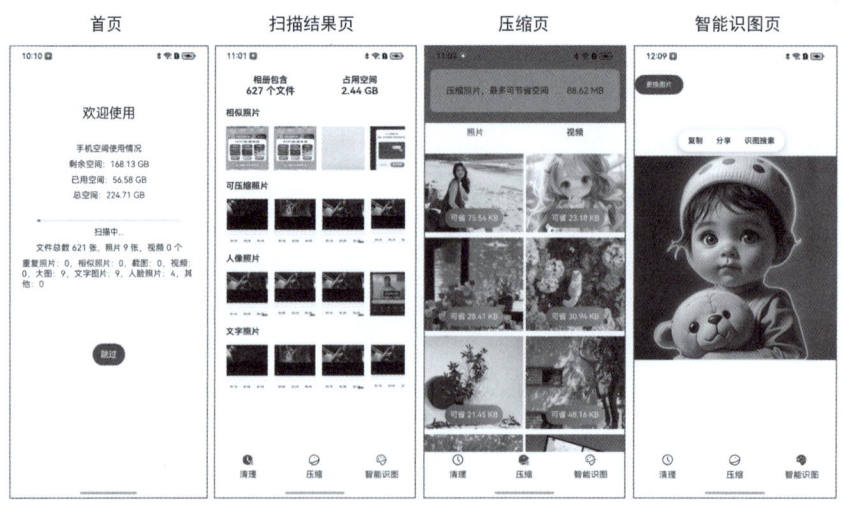

图 12-1 手机管家主要页面

- 首页：展示当前设备存储空间信息，单击"扫描"按钮后，可扫描相册中的媒体文件。
- 扫描结果页：将扫描结果分类，展示相似照片、人像照片和文字照片等。
- 压缩页：将图片和视频无损压缩，以节省空间。
- 智能识图页：识别图片里的人像和文字，可以复制。

12.2　功能实现

本节将逐步实现四个功能页面。

12.2.1　获取系统空间

首页是用户打开应用后首先看到的页面，用于展示设备的空间使用情况，并提供扫描的操作入口。下面介绍两个关键功能的实现原理。

利用系统 @ohos.file.statvfs 模块统计文件系统的空间，该模块提供存储文件系统信息的功能，应用可利用该模块获取文件系统的总字节数、空闲字节数。系统为每种 API 提供了三种实现方式，分别是异步方法获取 Promise 形式返回、异步方法获取 callback 形式返回、同步方法获取，示例代码如下。

```typescript
// 获取指定文件系统总字节数

// 采用异步方法获取结果，并以 Promise 形式返回结果
statfs.getTotalSize(path: string): Promise<number>

// 采用异步方法获取结果，然后使用 callback 形式返回结果
statfs.getTotalSize(path: string, callback: AsyncCallback<number>): void

// 同步方法获取值
statfs.getTotalSizeSync(path: string): number
```

这里选择同步方法。已用空间是总空间减去剩余空间得到的数字，单位均为字节，需要先将数据转化为用户更容易理解的单位，如 KB、MB、GB，再将代码封装在 Utils.ets 中，代码如下。

```typescript
// Utils.ets
import { statfs } from '@kit.CoreFileKit';

/** 获取磁盘总空间（单位: Bytes）*/
static getTotalSizeSync(): number {
  const context = getContext(null) as common.UIAbilityContext;
  const path = context.filesDir;
  return statfs.getTotalSizeSync(path);
```

```
}

/** 获取磁盘剩余空间（单位：Bytes）*/
static getFreeSizeSync(): number {
  const context = getContext(null) as common.UIAbilityContext;
  const path = context.filesDir;
  return statfs.getFreeSizeSync(path);
}

/** 获取磁盘已用空间（单位：Bytes）*/
static getUsedSizeSync(): number {
  return Utils.getTotalSizeSync() - Utils.getFreeSizeSync();
}

/** 将字节大小格式化为用户可读的文本 */
static formatSize(size: number): string {
  const KB = 1024;
  const MB = KB * 1024;
  const GB = MB * 1024;

  if (size >= GB) {
    return (size / GB).toFixed(2) + ' GB';
  } else if (size >= MB) {
    return (size / MB).toFixed(2) + ' MB';
  } else if (size >= KB) {
    return (size / KB).toFixed(2) + ' KB';
  } else {
    return size + ' Bytes';
  }
}
}
```

有了获取空间的方法，还需要将这些数据展示到页面上，代码主要在 Welcome.ets 中，核心代码如下。

```typescript
Text("剩余空间：" + Utils.formatSize(Utils.getFreeSizeSync()))
Text("已用空间：" + Utils.formatSize(Utils.getUsedSizeSync()))
Text("总空间：" + Utils.formatSize(Utils.getTotalSizeSync()))
```

接下来单击"扫描"按钮，在扫描之前，必须申请读取和修改图片和视频的权限，用到的权限为 ohos.permission.READ_IMAGEVIDEO 和 ohos.permission.WRITE_IMAGEVIDEO，需要在 module.json5 中说明该权限，示例如下。

```json
{
    "requestPermissions":
    [
        {
```

```
            "name": "ohos.permission.READ_IMAGEVIDEO",
            "reason": " 相册扫描和文件删除均需要该权限 "
        },
        {
            "name": "ohos.permission.WRITE_IMAGEVIDEO",
            "reason": " 相册扫描和文件删除均需要该权限 "
        }
    ]
}
```

在 Utils.ets 中封装申请权限，以及检查是否授权的方法，代码如下。

```typescript
/** 向用户申请指定权限列表 */
static async requestPermissions(context: Context, permissions: Permissions[]):
Promise<void> {
  const atManager = abilityAccessCtrl.createAtManager();
  const result: PermissionRequestResult = await atManager.requestPermissionsFromUser
(context, permissions);
  const grantStatus: number[] = result.authResults;
  for (const status of grantStatus) {
    if (status !== 0) {
      // 权限申请失败，处理时可以写在这里
    }
  }
  // 所有权限申请成功，处理时可以写在这里
}


/** 检查是否已授予指定权限 */
static async checkPermission(permissionName: Permissions): Promise<boolean> {
  const tokenId = rpc.IPCSkeleton.getCallingTokenId();
  const atManager = abilityAccessCtrl.createAtManager();
  try {
    const res = await atManager.checkAccessToken(tokenId, permissionName);
    return res !== -1;
  } catch (err) {
    return false;
  }
}
```

在 Welcome.ets 中，单击"扫描"按钮后申请权限，可以看到使用了 await，即等待用户操作完毕后再继续执行后面的流程。在执行以下代码后，会出现权限申请弹窗，如图 12-2 所示。

```typescript
await Utils.requestPermissions(getContext(this), [
  'ohos.permission.READ_IMAGEVIDEO',
  'ohos.permission.WRITE_IMAGEVIDEO'
])
```

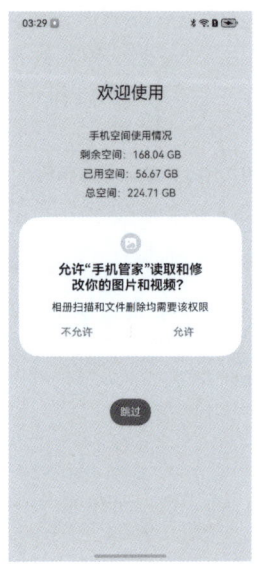

图 12-2　权限申请弹窗

用户单击"允许"按钮后，使用在 Utils 里封装的权限检查方法，如果是已授权状态，则继续扫描，如果是未授权状态，则直接返回，代码如下。

```typescript
const res = await Utils.checkPermission('ohos.permission.READ_IMAGEVIDEO')
if (!res) {
  return // 未授权
}
```

12.2.2　使用 TaskPool 开启扫描任务

本节将实现相册媒体扫描功能。本模块负责高效地读取用户相册中的媒体资源，并结合人像检测、文字识别、尺寸 / 时间等维度的特征，将其分类和整理。为了兼顾性能与响应性，将扫描逻辑封装在 MediaScanManager 类中，并使用 taskpool 模块在后台并发执行，避免阻塞主线程，确保良好的用户体验。整个扫描流程分为以下两部分。

- MediaScanManager: 扫描任务的调度与生命周期管理，提供统一的接口供 UI 层调用。
- photo_scan: 被 taskpool.Task 调用的并发扫描逻辑体，负责实际的数据读取与图像识别。

在扫描完成后，所有的分类结果被统一汇总为一个 MediaScanResult 对象，并通过 task.onReceiveData() 将进度实时上报给页面 UI。

MediaScanManager 为单例，它负责初始化扫描环境、启动 / 终止扫描、执行压缩任务，并为调用方屏蔽底层逻辑。单例模式是一种常见的软件设计模式，它的核心目标是保证一个类在应用生命周期中始终只有一个实例，并提供全局访问点。简单地说，不管在项目中这个类被调用多少次，都只会创建一次对象实例，后续都会使用它。在本例中，期望 MediaScanManager 作为媒体扫描任务的统一调度中心，可以初始化系统组件、持有相册访问权限助手、管理当前扫描任务等，这些功能都具有全局唯一性和跨页面共享等特点，因此将 MediaScanManager 设计为单例。下面介绍 MediaScanManager 的单例实现方法，实现逻辑为如果没有实例，则创建一个实例，如果已经创建过实例，则返回之前的实例，代码如下。

```typescript
// MediaScanManager.ets
export default class MediaScanManager {
  static instance: MediaScanManager;
  public static getInstance(): MediaScanManager {
    if (!MediaScanManager.instance) {
      // 如果没有实例，则创建一个实例
      MediaScanManager.instance = new MediaScanManager();
    }
    // 如果已经创建过实例，则返回之前的实例
    return MediaScanManager.instance;
  }
}
```

接着，重点介绍调用 scan() 方法是如何启动扫描任务的。这里使用了 TaskPool，它是 HarmonyOS 提供的轻量级任务并发框架，可以将某些耗时操作封装成任务（Task），交给系统线程池并在后台执行。任务执行流程如下。

（1）主线程：创建任务 new Task(fn, context)，注册进度监听 onReceiveData()，执行任务 execute(task)。需要注意的是，fn 必须使用 @Concurrent 进行装饰，因为只有被 @Concurrent 装饰的函数才能作为 taskpool.Task() 的任务体使用。

（2）taskpool 内部：启动一个后台线程，执行 fn()，调用 Task.sendData() 以传递中间结果，返回最终结果 Promise。

（3）主线程：接收到数据回调，确认任务完成后返回值。

下面通过实际代码来介绍具体的使用方法。

```typescript
// MediaScanManager.ets
async scan(callback?: (total:number | null, photos:number | null, videos:number
| null, result:MediaScanResult | null) => void) {
  // 创建任务，任务主体为 photo_scan，后面跟随 photo_scan 所需参数
  let task: taskpool.Task = new taskpool.Task(photo_scan, this.component!);
  // 注册进度监听
  task.onReceiveData((data : Map<string, object>) => {
    callback?.(data["total"], data["photos"], data["videos"], data["result"]);
  });
  this.scanTask = task;
  // 执行任务
  let result = (await taskpool.execute(task));
```

```
    return (result as MediaScanResult | null);
}

// 只有被 @Concurrent 装饰的函数，才能作为 taskpool.Task() 的任务体被使用
@Concurrent
async function photoScan(component: Context): Promise<MediaScanResult | null> {
    // 调用 Task.sendData() 传递中间结果
    taskpool.Task.sendData({
        total: assetCount,
        photos: result.photoCount,
        videos: result.videoCount,
        result: result
    });
}
```

有读者可能会有疑问，多线程并发（TaskPool / @Concurrent）与之前提到的异步并发（Promise / async/await）有何区别？下面用表 12-1 进行说明。

表 12-1　多线程并发和异步并发的区别

属　　性	异 步 并 发	多线程并发
是否创建新线程	在主线程内排队执行	创建新线程，然后在后台执行
是否在独立线程中运行	任务仍然运行在同一个线程中，只是"暂停再继续"	任务在完全独立的线程中并发执行
适合场景	适合短时间的 I/O 操作（如读文件、请求网络）	适合耗时长的任务（如图像识别、批量扫描等）
CPU 利用率	不会提高 CPU 利用率	可充分利用多核 CPU 资源
特　　点	更轻量，语法简洁	真正的"并发处理"，互不干扰

如果对表中的描述仍然感到困惑，则可以用生活中的一些场景做类比。

- async/await 就像在厨房做饭：先煮饭，将米洗好并放入电饭煲，再洗菜、做菜，整个过程都是一个人在做饭，可理解为只有一个线程在执行。这种方式的效率并不低，因为洗菜和做菜本不复杂。
- TaskPool 就像雇用一位助理：将打扫房间的任务交给助理（后台线程），自己可以专心看书。两个人同时做事，互不干扰，效率更高。

简而言之，async/await 是一个人通过切换任务聪明地做事，而 TaskPool 是请人帮自己一起做事，即并发执行。对于耗时长的任务，推荐使用 TaskPool，具体如表 12-2 所示。

表 12-2　TaskPool 的常见业务场景

业 务 场 景	具体业务描述
图片 / 视频编解码	将图片或视频进行编解码后再展示
压缩 / 解压缩	对本地压缩包进行解压缩，或者对本地文件进行压缩

（续表）

业 务 场 景	具体业务描述
JSON 解析	对 JSON 字符串进行序列化和反序列化
模型运算	对数据进行模型运算分析等
网络下载	密集网络请求下载资源、图片、文件等
数据库操作	将聊天记录、页面布局信息、音乐列表信息等保存到数据库，或者当应用二次启动时，读取数据库展示的相关信息

12.2.3　对媒体文件进行扫描分类

本项目中的媒体文件主要有以下几种，对应的判断条件如表 12-3 所示。

表 12-3　本项目中的媒体文件分类

类　　型	判定条件示例
视频	媒体类型为 VIDEO
重复图	宽度高度 + 文件大小完全相同
相似图	添加时间间隔小于 10 s，自动归组
含文字图	OCR 识别结果非空
人像图	检测到人脸特征
大图	大于 2 MB
截图	宽度和高度等于屏幕分辨率
其他图	不属于上述任何一种分类

```typescript
// MediaScanManager.ets
@Concurrent
async function photoScan(component: Context): Promise<MediaScanResult | null> {
    // 视频，媒体类型为 PhotoType.VIDEO
    if (photoAsset.media_type == photoAccessHelper.PhotoType.VIDEO)

    // 含文字图，textRecognition.recognizeText() 得到非空文本
    let textResult = await textRecognition.recognizeText(...)
    photoAsset.hasText = textResult.value != null && textResult.value.length > 0

    // 人像图，使用 faceDetector.detect() 检测到一个以上人脸
    let data = await faceDetector.detect(...)
    photoAsset.hasFace = data != null && data.length > 0

    // 相似图，当前图的 date_added 与上一张图的时间间隔小于 10 s
    if (Math.abs(Number(photoAsset.date_added) - timeInterval) < 10)
```

```
    // 重复图，宽度和高度 + 文件大小相同，使用 key: width_height_fileSize 分组
    let key = photoAsset.width + "_" + photoAsset.height + "_" + photoAsset.file_size
    let repeatPhotos = repeatPhotosMap[key]

    // 大图，文件大于 2 MB（1024×1024×2）
    if (photoAsset.file_size >
1024 *
1024 * 2)

    // 截图的宽度和高度与设备屏幕分辨率一致
    if (photoAsset.width == screenWidth && photoAsset.height == screenHeight)
}
```

　　知道了如何将图片分类，再看如何遍历相册，以便将所有资源分类。首先获取相册资源列表，然后逐个遍历资源对象，最后通过 taskpool 上报扫描进度，核心代码如下。

```typescript
// MediaScanManager.ets
@Concurrent
async function photoScan(component: Context): Promise<MediaScanResult | null> {
    // 步骤一：获取相册资源列表
    // 设置排序：按照照片的添加时间升序排列
    let predicates: dataSharePredicates.DataSharePredicates = new dataSharePredicates.
DataSharePredicates();
    predicates.orderByAsc(photoAccessHelper.PhotoKeys.DATE_ADDED);
    // 设置筛选字段：只获取关心的元数据（如尺寸、时长、类型等）
    let fetchOptions: photoAccessHelper.FetchOptions = {
      fetchColumns: [ /* 一系列字段 */ ],
      predicates: predicates
    };
    let phAccessHelper = photoAccessHelper.getPhotoAccessHelper(component);
    // 获取资源集合对象：fetchResult 是一个分页资源迭代器，可以一个一个地取出相册资源（图片或视频）
    let fetchResult = await phAccessHelper.getAssets(fetchOptions);

    // 步骤二：逐个遍历资源对象
    let asset: photoAccessHelper.PhotoAsset | null = null;
    let isAtLast = false;
    do {
      // 使用 getFirstObject() 获取第一个资源，调用 getNextObject() 获取下一个资源
      asset =
 asset == null ? await fetchResult.getFirstObject() : await fetchResult.getNextObject();
      // 使用 fetchResult.isAfterLast() 判断遍历是否完成
      if (fetchResult.isAfterLast()) {
        isAtLast = true;
      }
      // 处理当前 asset 进行分类
```

```
    } while (!isAtLast);

    // 步骤三：通过 taskpool 上报扫描进度
    do {
      taskpool.Task.sendData({
          total: assetCount,
          photos: result.photoCount,
          videos: result.videoCount,
          result: result
      });
    } while ();
}
```

12.2.4　展示扫描进度

在扫描时，taskpool 通过 Task.sendData 上报进度，然后通过 onReceiveData 监听进度，将扫描结果通过 scan() 方法的 callback 回调到页面，核心代码如下。

```javascript
// Welcome.ets
@State result: MediaScanResult | null =
 null

// 进度展示
Text(
  "重复照片: " + (this.result?.repeatPhotoCount ?? 0) +
  ", 相似照片: " + this.result?.similarPhotos.length +
  ", 截图: " + this.result?.screenshot.length +
  ", 视频: " + this.result?.videos.length +
  ", 大图: " + this.result?.largePhotos.length +
  ", 文字图片: " + this.result?.textPhotos.length +
  ", 人脸照片: " + this.result?.facePhotos.length +
  ", 其他图: " + this.result?.others.length
)

// 扫描按钮单击事件
async onClickStartScan() {
  this.isLoading = true
  MediaScanManager.getInstance().scan((total, photos, videos, result) => {
    // 扫描进度回调
    this.total = total
    this.photos = photos
    this.videos = videos
    this.result = result
  }).then((result) => {
    // 扫描结束后，打开 MainTabs 扫描结果页，将扫描结果传递给 MainTabs 页面
```

```
    this.isLoading = false
    // 使用 NavPathStack 的 replacePathByName 方法打开 MainTabs
    this.pathInfos.replacePathByName('Main', result)
  })
}
```

12.2.5　展示文件扫描结果

在执行完成扫描任务后，系统会将扫描结果统一封装为 MediaScanResult 对象。该对象包含了相册中图片与视频的完整扫描结果及分类信息，例如重复照片、相似照片、含文字图片、人像图片、大图和截图等。为了更好地引导用户清理，主页面的 MainTabs.ets 中使用了 Tabs 容器，将应用功能划分为三个独立的子页面。

- Clean.ets：图片清理页面，展示分类结果并跳转详情页。
- Compress.ets：图片与视频压缩页面。
- SmartVision.ets：支持识图与文字提取的 AI 智能识别页面。

本节从图片清理页面 Clean.ets 开始，详细介绍如何将 MediaScanResult 中的图片分类信息进行有效展示，并构建可交互的"图片清理卡片"模块。Clean.ets 页面在组件构建完成后，通过 aboutToAppear() 生命周期钩子计算出当前相册中的文件总数与占用空间，并在页面顶部展示。页面主体区域通过 Scroll + Column 垂直滚动组合，依次展示七类清理候选资源，每类都以"模块卡片"的形式呈现，包含分类标题、资源缩略图预览，以及可选的"查看详情"按钮，代码如下。

```typescript
// MainTabs.ets
Tabs({ barPosition: BarPosition.End }) {
  TabContent() {
    Clean({ mediaScanResult: this.mediaScanResult, pathInfos: this.pathInfos })
  }
}

// Clean.ets
@Builder
export function MyCommonPageBuilder(name: string, param: object) {
  Clean({ mediaScanResult: param as MediaScanResult })
}

@Component
export struct Clean {
  build() {
    Column() {
      this.buildTop()
      Divider().height(20)
```

```
        this.buildList()
    }
  }
}
```

这里有四个知识点，也是面试的考查重点。

- @Builder 是 ArkTS 提供的构建函数装饰器，@Builder 在组件外面，它将函数声明为"可渲染的页面构造器"，用于页面注册与跳转，如 MyCommonPageBuilder。
- @Builder 的作用是将一个普通的函数变成可以参与 UI 渲染、可以在 build() 中被调用的 UI 构造器。这需要与页面注册表配合使用，在 main/module.json5 里配置 router_map 文件，在 main/resources/base/router_map.json 里配置 routerMap，代码如下。

```json
// main/module.json5
{
  "routerMap": "$profile:router_map",
}


// main/resources/base/router_map.json
{
  "name" : "Clean", // 页面名，在页面跳转时使用
  "pageSourceFile"  : "src/main/ets/pages/Clean.ets", // 页面组件代码所在路径
  "buildFunction" : "MyCommonPageBuilder" // 页面构建函数名，即用 @Builder 装饰的函数
}
```

- @Component 是 ArkTS 提供的组件声明装饰器，用于告诉编译器这是一个可渲染的 UI 组件，它拥有生命周期、状态响应、UI 构建功能。它必须配合 struct 或 class 使用，用来声明可被挂载到页面的组件结构体。在 ArkTS 中，可以写很多的 struct，但并不是每个 struct 都是 UI 组件，只有加了 @Component 的 struct 才会被识别为页面或 UI 控件。
- export 是 ArkTS 中的导出关键字，表示这个类或函数可以被其他文件或模块引用。在 ArkTS 中，如果想让某个组件被其他 .ets 文件使用，如 import { Clean } from './Clean'，那么必须在定义时加上 export。
- struct 是 ArkTS 中声明组件的关键字，表示定义一个轻量级组件结构体，它是不可继承的、无生命周期开销的 UI 组件。无生命周期开销是指 struct 不会像 class 一样维护复杂的生命周期状态，如 create → mount → update → destroy 全生命周期，只支持 UI 基础的生命周期，如 aboutToAppear()、aboutToDisappear()。

下面继续介绍文件分类展示，页面主体区域通过 Scroll + Column 垂直滚动组合，依次展示七类清理候选资源，每类清理候选资源以"模块卡片"的形式呈现，包含分类标题、资源缩略图预览，以及可选的"查看详情"按钮。

```typescript
// Clean.ets
@Builder
buildList() {
  if (this.mediaScanResult != null) {
    Scroll(){
      Column() {
        if (this.mediaScanResult.similarPhotos.length > 0) {
          this.buildListItem(" 相似照片 ", MediaScanResult.getSimilarPhotos(this.
mediaScanResult, 5), () => {
            if(this.mediaScanResult != null) {
              this.onClickSimilar(this.mediaScanResult.similarPhotos)
            }
          })
        }
        /* 其他分类 */
      }
    }
  }
}


@Builder
buildListItem(title: string, images: Array<MediaItem>, onMoreButtonClick?: () => void) {
  Column() {
    Text(title)
    if (images.length === 0) {
      Row() {
        Text(" 暂无图片 ")
      }
    } else {
      Scroll() {
        Row() {
          ForEach(images.slice(0, 4), (asset: MediaItem) => {
            PhotoAssetImage({ photoAsset: asset.asset })
          })
          if (images.length > 4) {
            Button(" 查看详情 ")
              .margin({ left: 10 })
              .onClick(onMoreButtonClick)
          }
        }
      }
    }
  }
}
```

可以看到，在 buildList() 和 buildListItem() 方法前都有 @Builder，这是在方法前的 @Builder，主要作用是将方法声明为"UI 构建片段"，可以在 build() 中直接使用。如果不加 @Builder，则方法变成了一个普通方法，不能使用任何 UI 声明式结构，如 Row()、Text() 和 Column()。

这里的展示分类使用的是 Scroll，主要原因是展示的内容是有限的，目前只有七种分类。如果数据量很大，则推荐使用 List。

12.2.6　清理相似照片

当用户在清理页面单击"相似照片"按钮后，系统将跳转至 DuplicatePhotoReview 页面。在此页面中，用户可以分组查看相似照片、批量或逐个勾选要删除的照片、一键执行清理操作。页面结构如下。

```typescript
// DuplicatePhotoReview.ets
@Component
struct DuplicatePhotoReview {
  @State mediaGroups: MediaGroup[] = []
  @State selectedPhotos: Set<MediaItem> = new Set<MediaItem>()

  build() {
    NavDestination() {
      Column() {
        Text("请选择您需要删除的图片")
        List() { ForEach(mediaGroups) { 每组相似图横向展示 } }
        Row() { Button("删除多张相似照片") }
      }
    }
  }
}
```

关于 List/ForEach 的使用方法，可参考 6.2 节。在单击"删除"按钮后，会删除选中的图片，将选中项转为 PhotoAsset 列表，然后调用 MediaAssetChangeRequest.deleteAssets(...) 执行批量删除操作，最后删除成功并清空 selectedPhotos，代码如下。

```javascript
// DuplicatePhotoReview.ets
Button(' 删除 ${this.selectedPhotos.size} 张相似照片 ')
  .onClick(() => {
    try {
      let array: Array<photoAccessHelper.PhotoAsset> = []
      this.selectedPhotos.forEach(photo => array.push(photo.asset))
      photoAccessHelper.MediaAssetChangeRequest.deleteAssets(getContext(this), array)
      this.selectedPhotos.clear()
    } catch (e) {
      console.log(e)
```

```
        }
    })
```

12.2.7　压缩图片和视频

在扫描完成后，系统会识别出可压缩的媒体资源，即大于 2 MB 的文件，并在 Compress.ets 页面中统一展示。用户可以查看压缩后各资源的预计节省空间，浏览图片或视频缩略图，进入压缩详情页执行实际压缩操作。

在显示可压缩的照片时，用到了 WaterFlow/LazyForEach，详细使用方法可参考 6.5 节。在计算预计可节省空间时，通常使用一个固定的压缩比例，核心代码如下。

```typescript
// Compress.ets
@Builder
photosContent() {
  TabContent() {
    WaterFlow({
      scroller: this.scroller,
      sections: this.buildSections()
    }) {
      LazyForEach(this.photosDataSource, (mediaItem: MediaItem) => {
        FlowItem() {
          RelativeContainer() {
            PhotoAssetImage(...)
            Text("可省 xxMB")
          }
        }.onClick(() => {
          this.pathInfos?.pushPathByName("PhotoCompress", mediaItem)
        })
      })
    }
  }
}
// ScanModel.ets
// 估算压缩后节省的空间
static estimateSaveSpace(object: MediaItem, compressRatio: number = 0.2): number {
  if (object.file_size === -1) return 0;
  return object.file_size * compressRatio;
}
```

选中图片之后进行压缩，压缩功能代码在 PhotoCompress.ets 中。压缩的主要功能包括展示原始图片的预览、展示压缩前后空间对比和可节省空间、提供"优质 / 中等 / 高压缩"三种压缩等级、执行压缩任务并将压缩后的资源保存到系统相册中，如图 12-3 所示。

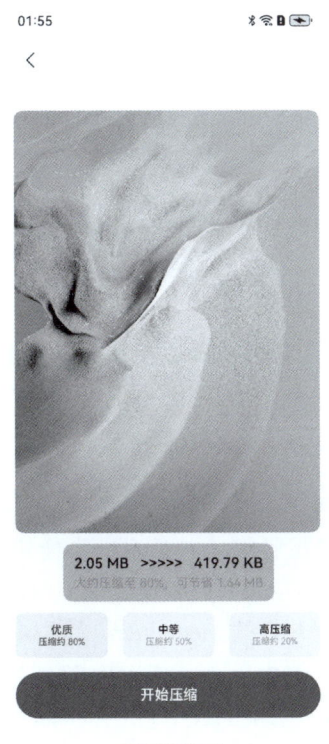

图 12-3　压缩页面

　　这里重点介绍如何压缩图片，核心压缩方法在 MediaScanManager.ets 中，使用 ImagePacker 的图片处理功能压缩图片和转换图片格式，核心代码如下。

```typescript
// MediaScanManager.ets
import { image } from '@kit.ImageKit';

/**
 * 压缩图片
 *
 * @param pictureUri 图片 URI
 * @param format 压缩后的目标格式，支持 JPG、WEBP 和 PNG 格式
 * @param quality 压缩质量，取值范围为 0~100，数值越大，表示压缩后的图片越大
 * @returns ArrayBuffer
 */
async compressPicture(pictureUri: string, format: string, quality: number): Promise
<ArrayBuffer> {
  // 1. 打开文件并读取原始数据
  // 使用文件 I/O 模块打开原图
```

```
let file = fs.openSync(pictureUri, fs.OpenMode.READ_ONLY);
// 获取文件大小，分配缓冲区
let size = fs.statSync(file.fd).size;
let buf = new ArrayBuffer(size);
// 读取图片完整字节数据并关闭文件
fs.readSync(file.fd, buf);
fs.closeSync(file);
// 2. 创建图像源对象
let imageSource = image.createImageSource(buf);
// 3. 设置压缩参数并执行编码
// 创建 ImagePacker 实例
const imagePackerApi: image.ImagePacker = image.createImagePacker();
// 设置压缩目标格式与质量
let packOpts: image.PackingOption = { format: format, quality: quality };
// 异步调用 packToData() 完成压缩，最终返回一个新的 ArrayBuffer，即压缩后图像的字节数据
return await imagePackerApi.packToData(imageSource, packOpts)
}
```

图片压缩之后还需要保存到相册中，主要流程为使用 compressPicture 压缩图片，调用 createAsset() 创建相册文件，将压缩结果写入相册资源 URI，睡眠等待媒体库刷新。使用 URI 查询相册中刚写入的资源，返回封装好的 MediaItem。可以看到，其中有等待媒体库刷新的操作，主要原因是当使用 PhotoAccessHelper.createAsset() 创建媒体库文件时，在完成写文件动作后立刻在媒体库中查询该文件信息，可能会找不到对象，需要等媒体库刷新，核心代码如下。

```typescript
async compressAndSaveToAlbum(asset: MediaItem, compressRatio: number,): Promise
<MediaItem | null> {
    // 1. 将图片数据压缩为 ArrayBuffer
    let packed = await this.compressPicture(asset.asset.uri, 'image/jpeg', compressRatio)
    // 2. 创建系统相册资源，获得目标 URI
    let uri = await this.phAccessHelper!.createAsset(photoType, extension, options);
    // 3. 写入压缩后的图片数据
    let file = await fileIo.open(uri, fileIo.OpenMode.READ_WRITE | fileIo.OpenMode.CREATE);
    await fileIo.write(file.fd, packed);
    await fileIo.close(file.fd);
    // 4. 等待媒体库刷新，例如 2 s
    let sleepTime = Math.max(Math.min(asset.file_size /
1024 /
1024 *
2000,10000), 2000)
    await new Promise<void>(resolve => setTimeout(resolve, sleepTime));
    // 5. 查询该 URI 获取媒体信息
    let predicates: dataSharePredicates.DataSharePredicates = new dataSharePredicates.
DataSharePredicates();
    predicates.orderByAsc(photoAccessHelper.PhotoKeys.DATE_ADDED)
    predicates.equalTo(photoAccessHelper.PhotoKeys.URI, uri)
```

```
let  fetchResult: photoAccessHelper.FetchResult<photoAccessHelper.PhotoAsset>;
try {
  fetchResult = await this.phAccessHelper!.getAssets(fetchOptions)
} catch(err) {
  return null;
}
// 6. 封装为 MediaItem 并返回
let photoAsset = new MediaItem(await fetchResult.getFirstObject());
return photoAsset;
}
```

视频压缩和图片压缩的实现方式不同，图片压缩通过调整图像格式 + 质量参数来重新编码图像，视频压缩则通过转码的方式重新编码，图片和视频压缩的区别如表 12-4 所示。

表 12-4　图片和视频压缩的区别

项　　目	图 片 压 缩	视 频 压 缩
实现方式	重编码（Re-encoding）图片数据	转码（Transcoding）视频流
工具类	ImagePacker from @kit.ImageKit	AVTranscoderHelper（自定义，底层用 FFmpeg 或系统转码器）
参数控制	压缩质量（quality 0~100）、目标格式（jpg/webp/png）	目标码率（bitrate kbps），格式通常为 mp4
处理对象	静态图像（单帧）	多帧视频（音频 + 图像 + 编码格式）
性能开销	中等	较高，CPU 密集，耗时较长
保存方式	写入图片 URI	写入视频 URI

视频转码使用了由 HarmonyOS 提供的 media.AVTranscoder 模块，核心代码如下。

```typescript
/**
 * 启动视频转码流程
 * @param srcFd 源文件的文件描述符
 * @param dstFd 目标文件的文件描述符
 * @param videoBitrate 视频码率（单位：b/s）
 * @param audioBitrate 音频码率（单位：b/s，默认为 100000）
 */
async startTranscode(srcFd: number, dstFd: number, videoBitrate: number,audioBitrate:
number = 100000): Promise<void> {
  if (!canIUse("SystemCapability.Multimedia.Media.AVTranscoder")) {
    return;
  }

  if (this.avTranscoder) {
    await this.avTranscoder.release();
    this.avTranscoder = undefined;
```

```
  }

  this.avTranscoder = await media.createAVTranscoder();

  // 监听转码完成回调事件
  this.avTranscoder.on('complete', async () => {
    await this.avTranscoder?.release();
    this.avTranscoder = undefined;
  });

  // 监听失败回调事件
  this.avTranscoder.on('error', (err) => {
  });

  // 将源视频的 fd 和目标视频的 fd 设置给转码器
  this.avTranscoder.fdSrc = { fd: srcFd };
  this.avTranscoder.fdDst = dstFd;
  // 配置转码参数
  const config: media.AVTranscoderConfig = {
    fileFormat: media.ContainerFormatType.CFT_MPEG_4, // 输出格式为 mp4
    videoCodec: media.CodecMimeType.VIDEO_AVC, // 视频编码 H.264
    audioCodec: media.CodecMimeType.AUDIO_AAC, // 音频编码 AAC
    videoBitrate, // 视频码率（bit/s）
    audioBitrate // 音频码率（bit/s）
  };
  // 启动转码流程
  await this.avTranscoder.prepare(config);
  await this.avTranscoder.start();
}
```

12.2.8　智能识图

　　智能识图页面的主要功能是，在用户选择图片后，可先长按图片，识别出文字或物体，再执行复制或分享等操作。这里使用 @kit.VisionKit 中的 visionImageAnalyzer 组件进行识图。下面重点介绍 visionImageAnalyzer 的使用方法。visionImageAnalyzer 提供了一种 AI 分析控制器（VisionImageAnalyzerController），并通过 Image 组件结合 types 类型和 aiController 配置，实现长按识图交互。智能识图支持的分析类型有以下三种。

- ImageAnalyzerType.TEXT：识别图片中的文字。
- ImageAnalyzerType.SUBJECT：分析图片中的主体，如人物、动植物等。
- ImageAnalyzerType.OBJECT_LOOKUP：对目标对象进行语义理解，如提供搜索和复制等功能。

visionImageAnalyzerde 的使用方法很简单，只需绑定一个控制器，开启 .enableAnalyzer

(true)，设置识别类型为"types"即可，非常适合图像信息提取等场景。核心代码如下。

```typescript
@Component
export struct SmartVision {
    // 1. 创建识图控制器
    private visionImageAnalyzerController: visionImageAnalyzer.VisionImageAnalyzerController =
      new visionImageAnalyzer.VisionImageAnalyzerController()

    // 2. 将识图功能绑定到 Image 组件，只需在 Image 组件中配置 types 和 aiController 即可启用
    Image(this.imagePath, {types: [ImageAnalyzerType.TEXT,
      ImageAnalyzerType.SUBJECT,
      ImageAnalyzerType.OBJECT_LOOKUP],aiController: this.visionImageAnalyzerController})
      .enableAnalyzer(true)
}
```

12.3　本章小结

　　本章围绕手机管家应用项目，全面介绍了如何结合 ArkTS 编程模型与 HarmonyOS 提供的多媒体、图像识别、文件操作等功能，构建一个具备扫描、分类、压缩和智能识图功能的实用应用。首先，介绍了磁盘空间展示与相册扫描的实现方式，利用多线程并发技术加快媒体遍历与识别速度，确保扫描性能与页面响应速度。随后，深入展示了扫描结果的分类展示原理，包括重复图片、相似图片、带文字图片、人脸图片、截图等类型，以及判断依据和 UI 交互设计方法。对于图片与视频压缩部分，结合 ImagePacker 与 AVTranscoder 实现了资源节省与压缩预估，并支持写入相册保存。最后，借助 visionImageAnalyzer 实现了智能图像分析，让用户可通过长按识别图片中的文本与主体对象，提升使用体验。通过本章的实战项目，开发者不仅可以掌握 HarmonyOS 多媒体功能的实际使用方法，还能够建立组件化、多线程与 UI 分离的开发思维，为开发更复杂的功能打下坚实的基础。

习　　题

12.1　请简要介绍 async/await 和 TaskPool 的主要区别，以及它们分别适用于哪些场景？

　　答案提示：async/await 提供的是一种异步语法糖，底层仍在主线程中顺序调度执行，适合处理网络请求、数据库读写等轻量级、不会阻塞 UI 的任务。而 TaskPool 是一种真正的多线程并发机制，任务会在线程池的后台运行，适合执行图像处理、文件扫描、压缩转码等耗时操作，从而避免主线程卡顿。二者的本质区别在于：async/await 是"让出执行权"但仍在主线程；而 TaskPool 是"将任务交给后台线程"。二者在执行模型、性能表现和场景适配方面存在明显的差异。

12.2　常见的线程任务的中止机制有哪些？如何优雅地取消任务。

答案提示：常见的终止机制设置标志位，在任务内部判断并主动中断，使用任务池提供的 cancel 接口（如 taskpool.cancel(task)）、异常捕获＋finally 释放资源。优雅地取消任务的关键是在执行任务的过程中定期检查任务是否被取消，及时释放资源并避免内存泄露。

12.3　TaskPool 执行任务时如何保证线程安全？在什么情况下可能会引发线程问题？

答案提示：TaskPool 本身是线程池机制，不直接暴露线程原语，因此不会有资源竞争问题。但仍需注意以下问题。

- 避免多线程共享可变数据（如全局状态对象）。
- 如果多个任务同时写入同一个变量或数组，则应使用加锁机制或拷贝隔离。
- 如果使用的第三方库非线程安全，则可能引发崩溃。

12.4　当多线程执行耗时任务时，如果用户快速退出页面，那么该如何处理？

答案提示：

- 在销毁页面时，会主动调用任务取消方法，例如 taskpool.cancel()。
- 在执行线程任务的过程中，定期调用 Task.isCanceled() 以检查状态并中止任务。
- 避免在任务未完成时引用已销毁页面的变量或组件，因为这可能导致任务崩溃。

12.5　如何评估是否应使用多线程并发（taskpool）来处理一个任务？

答案提示：合理使用多线程并发能显著提升用户体验，避免"过度并发"提高复杂度，评估依据主要包括以下几个。

- 是否为 CPU 密集型任务，如图像处理、加解密等。
- 是否为 I/O 密集型任务，如相册扫描、大文件读写等。
- 任务执行是否存在明显阻塞 UI 的情况。
- 是否有中间过程数据上报的需求。
- 任务是否支持拆分为小批次，以便于调度。

12.6　请简要说明 struct 和 class 的主要区别，它们分别适合在哪些场景下使用？

答案提示：struct 只在自定义组件中使用，@Component 装饰的 struct 就是自定义组件，自定义组件和 class 是两个概念，自定义组件没有类型，也不能等同于 class。

新手开发术语速查表

附录 A　常用通用术语

附表 A-1　常用通用术语

术语 / 缩写	全称 / 类别	说　明
热启动	App 启动流程	App 已在后台，单击图标后快速恢复到上次的状态
冷启动	App 启动流程	App 被完全杀死后，从零开始启动
冻结恢复	App 启动流程	App 被系统挂起后从"中断"状态恢复
生命周期	应用运行状态	包含 onCreate、onForeground、onDestroy 等生命周期回调
TTI	Time to Interactive	首次可交互时间，从启动开始到页面完全可操作的时间
TTFB	Time to First Byte	从请求发出到接收到第一字节的时间，衡量后端的响应速度
FMP	First Meaningful Paint	首次有意义地绘制，页面核心内容首次可见的时间点
FCP	First Contentful Paint	页面中任意内容首次绘制的时间，如文字、图片等
LCP	Largest Contentful Paint	最大可视内容渲染完成的时间，常用于衡量首屏加载速度
白屏时间	页面加载体验	页面无内容可见的时间，是用户认为"加载太慢"的原因之一
卡顿	性能	页面掉帧、响应慢等现象，一般由主线程阻塞或大量渲染任务引起
帧率	FPS（Frames Per Second）	每秒绘制画面的次数，通常是 60 f/s

（续表）

术语 / 缩写	全称 / 类别	说　明
ANR	Application Not Responding	应用无响应时，Android/HarmonyOS 会弹出"是否关闭应用"对话框
OOM	Out of Memory	如果应用内存溢出，则系统可能会直接杀掉进程
GC	Garbage Collection	垃圾回收机制，自动释放内存
渲染线程 / 主线程	系统线程	主线程处理 UI 和事件，渲染线程负责绘制操作
异步操作	开发模式	不阻塞主线程，如使用 async/await、Promise 和 TaskPool
组件化	架构设计	将功能拆成可复用的独立模块，提高可维护性
事件冒泡 / 捕获	UI 事件机制	事件从内到外（冒泡）或从外到内（捕获）传播的机制
ViewModel	状态管理	页面逻辑和数据的容器，常用于响应式状态管理
状态提升	状态管理模式	将子组件的状态提升到父组件统一管理
响应式编程	编程范式	状态变化自动驱动 UI 更新
声明式编程	编程范式	描述 UI 是什么样子，而不是如何构建它
Shadow DOM	Web 标准	提供封装样式和结构的功能，避免污染全局样式
沙箱	安全机制	限制某部分代码的访问权限，如 Web 渲染进程使用沙箱防止攻击
SDK	Software Development Kit	软件开发工具包，如 HarmonyOS SDK
API	Application Programming Interface	应用程序编程接口，提供供开发者调用的函数或协议
IDE	Integrated Development Environment	开发工具集成环境，如 DevEco Studio
UI	User Interface	用户界面，开发中展示给用户看的部分
UX	User Experience	用户体验，包括交互、性能、视觉等感知因素
JSON	JavaScript Object Notation	轻量级数据交换格式，移动端常用于网络通信
TS	TypeScript	JavaScript 的超集，ArkTS 语言的基础
NPM	Node Package Manager	JS/TS 工程的包管理工具
MVVM	Model-View-ViewModel	UI 架构模式，用于解耦数据和界面
构建	Build 过程	将源码转化为可运行程序的过程
发布	Release 过程	App 构建并准备上线的版本
打包	Packaging	构建过程中的封装步骤，生成 .hap/.apk 等包文件
Debug 模式	调试配置	带调试信息、日志的开发构建方式
Release 模式	发布配置	最终上线的构建方式，优化体积和性能

（续表）

术语 / 缩写	全称 / 类别	说　明
热更新	Hot Patch	不发新版 App，通过补丁修复 Bug 或更新逻辑
Push	通知机制	推送，服务端主动发通知到设备，常用于 IM、营销等
Crash	运行错误	崩溃，程序运行中发生错误，导致异常退出
Log	调试信息	日志，输出程序运行情况，常用于开发调试
BundleName	包名	每个应用的唯一标识（如 com.example.app）
Want	意图对象	HarmonyOS 中页面跳转或功能传递使用的结构体

附录 B　HarmonyOS 专属术语

附表 B-1　HarmonyOS 专属术语

术语 / 缩写	全称 / 类别	说　明
HAP	HarmonyOS Ability Package	应用的安装包，HarmonyOS 应用的基本单元，类似 Android 的 APK
HAR	HarmonyOS Archive	类似组件库，可以供多个 HAP 模块共享引用
HSP	Harmony Shared Package	静态共享包，支持跨模块共享资源和逻辑、构建组件化架构
Stage 模型	应用生命周期架构	HarmonyOS NEXT 引入的新生命周期模型，精细划分了 UIAbility 和 ExtensionAbility
UIAbility	用户界面功能组件	负责页面展示，类似 Android 的 Activity
ExtensionAbility	扩展功能组件	不包含界面，提供服务、数据、后台任务等功能，类似 Android 的 Service
ArkTS	Ark TypeScript	HarmonyOS 的主要开发语言，基于 TypeScript 扩展，支持响应式、声明式 UI
ArkUI	Ark UI 框架	HarmonyOS 的声明式＋响应式 UI 框架，构建纯血鸿蒙 App
@State	状态装饰器	响应式状态管理装饰器，驱动 UI 自动刷新
@Builder	自定义组件构造器	ArkUI 中创建组件的一种方式，适用于自定义复合组件
NodeContainer	原生功能容器	用于嵌入视频、地图、Web 等系统级控件
AbilityStage	应用入口类	用于初始化整个应用生命周期和配置，类似 Application 类
Want	跳转意图对象	用于 Ability 之间跳转、参数传递，类似 Android 的 Intent
App Linking	应用跳转功能	支持应用之间跳转，包括参数传递、唤醒其他应用等功能

（续表）

术语 / 缩写	全称 / 类别	说　　明
FormAbility	卡片功能组件	提供桌面卡片展示功能，支持常驻数据、单击跳转等
FA / PA 模型	旧生命周期模型	FA 表示 Feature Ability（有 UI），PA 表示 Particle Ability（无 UI），已被 Stage 模型替代
分布式功能	多设备协同	实现设备间协同操作，如相机共享、音频共享、剪贴板同步等
设备虚拟化	分布式技术核心	将多个设备整合为一个超级终端，提升用户体验
DataSync	HarmonyOS 专属功能	数据同步，自动同步不同设备上同一个用户的数据，如相册、文档等
TaskPool	并发任务调度器	任务池，提供多线程任务并发执行功能，支持异步任务运行
@Concurrent	并发函数标识符	标记函数可在后台线程中异步执行
abilityPresent / abilityCall	Ability 跳转 / 跨功能调用	前者用于打开页面，后者用于调用后台服务功能
UI 组件库	原子组件	Button、List、Scroll、WaterFlow、Swiper 等 ArkUI 内建组件
Entry	应用入口标记	@Entry 标记的组件表示为应用初始显示界面
FA 模型（Compatibility）	兼容模式	向后兼容旧的 HarmonyOS 3.x 应用开发架构